世界银行赠款项目资助

县级兽医人员高致病性禽流感
防控知识培训教材

陈 杰　陈国胜　蔺 东　主编

U0272245

中国农业科学技术出版社

图书在版编目（CIP）数据

县级兽医人员高致病性禽流感防控知识培训教材/陈杰，陈国胜，蔺东主编. —北京：中国农业科学技术出版社，2009.4

ISBN 978-7-80233-590-5

Ⅰ.县… Ⅱ.①陈…②陈…③蔺… Ⅲ.①禽病：流行性感冒—防治—教材②人畜共患病：流行性感冒—防治—教材 Ⅳ.S858.3 R511.7

中国版本图书馆 CIP 数据核字（2009）第 020974 号

责任编辑　贺可香
责任校对　贾晓红

出 版 者　中国农业科学技术出版社
　　　　　北京市中关村南大街 12 号　邮编：100081
电　　话　(010) 82109704（发行部）(010) 82109709（编辑室）
　　　　　(010) 82109703（读者服务部）
传　　真　(010) 82109709
网　　址　http://www.castp.cn
经 销 者　新华书店北京发行所
印 刷 者　北京富泰印刷有限责任公司
开　　本　880 mm×1230 mm　1/32
印　　张　5
字　　数　130 千字
版　　次　2009 年 8 月第 1 版　2009 年 8 月第 1 次印刷
定　　价　18.00 元

主　　编　陈　杰　陈国胜　蔺　东

参编人员　于丽萍　耿大立　王世勇　朱良强

占松鹤　齐　欣　王若军　蒋文明

刘　朔　孙映雪　李金平　陈继明

前言

　　高致病性禽流感是一种危害极大的动物疫病。很久以前，欧美一些国家就发现了该病的存在。近年来，该病传到我国，不仅引起养禽业巨大损失，而且已经导致数十人感染死亡。由于它对我国而言是一种新的动物疫病，很多县级兽医人员对它的特性以及防控措施缺少了解，所以很有必要针对县级兽医人员，开展高致病性禽流感防控知识的培训，使他们在这种疫病的防控工作中能够发挥应有的作用。实际上，很多地方每年都开展这项培训工作，但是一直没有合适的培训教材。

　　根据农业部兽医局的指示，在世界银行的资助下，参照农业部颁发的《高致病性禽流感防治技术规范》，我们编写了这本培训教材。本教材力求用通俗易懂的语言和较多的图表，阐述县级兽医人员需要掌握的高致病性禽流感临床症状、流行病学特征、应急处置措施、样品采集、免疫抗体检测、疫情监测和流行病学调查方法，以及人员防护和养禽场预防高致病性禽流感的措施。

　　除县级兽医人员之外，这本教材对地市级和省级兽医技术人员、卫生工作人员以及广大家禽生产、加工、销售等人员也有重要参考作用。

　　本教材的编写过程中，我们在安徽和辽宁两省6个县市兽医部

门，开展了一些调查工作，又在一些地方试用了这本教材，还邀请
国内一些专家和兽医官员针对本教材提出建议和意见，力求编写具
有针对性、实用性和科学性。

　　由于我们水平有限，本教材难免存在一些不足之处，敬请读者
批评指正。

编者

2009 年 2 月

目　录

第一讲　县级兽医人员接受培训的意义 ……………………… 1

第二讲　相关的法律、法规、标准和规范 ………………… 4

第三讲　认识高致病性禽流感 ………………………………… 9

第四讲　高致病性禽流感临床诊断 ………………………… 19

第五讲　高致病性禽流感流行病学特征 …………………… 21

第六讲　高致病性禽流感综合预防措施和疫苗接种 ……… 24

第七讲　高致病性禽流感可疑疫情的报告 ………………… 30

第八讲　样品采集和实验室初步检测 ……………………… 33

第九讲　高致病性禽流感应急处置规范 …………………… 46

第十讲　高致病性禽流感的监测 …………………………… 53

第十一讲　高致病性禽流感检疫和监督 …………………… 55

第十二讲　高致病性禽流感流行病学调查 ………………… 57

第十三讲　人感染高致病性禽流感应急处置 ……………… 63

第十四讲　如何防范人感染高致病性禽流感 ……………… 66

第十五讲　人流感大流行基础知识 ………………………… 71

第十六讲　案例演习 ………………………………………… 77

附录 1　全国人大 2007 年修订的《中华人民共和国
　　　　动物防疫法》 ·············· 78

附录 2　国务院 2005 年 11 月颁布的《重大动物疫情
　　　　应急条例》 ·············· 92

附录 3　国务院 2006 年 2 月发布的《国家突发重大动物
　　　　疫情应急预案》 ·············· 100

附录 4　国务院办公厅 2004 年发布的《全国高致病性
　　　　禽流感应急预案》 ·············· 112

附录 5　农业部 2005 年发布的《农业部门应对人间
　　　　发生高致病性禽流感疫情应急预案》 ·········· 117

附录 6　农业部 2007 年发布的《高致病性禽流感
　　　　防治技术规范》 ·············· 120

附录 7　农业部 2009 年发布的高致病性禽流感
　　　　免疫方案 ·············· 127

附录 8　世界卫生组织（WHO）流感大流行阶段划分和
　　　　应对计划 ·············· 130

附录 9　人禽流感病例流行病学调查方案 ·········· 132

附录 10　本书各讲"问题与讨论"部分的参考答案 ···· 140

附录 11　农业部编制的高致病性禽流感宣传挂图 ······ 148

县级兽医人员接受培训的意义

一、县级兽医人员有什么重要作用？

重大动物疫病防控不仅仅关系到畜牧业的安全生产，而且也关系到群众的身体健康和生命安全，因为很多人类传染病来自动物。

我国县级兽医人员在重大动物疫病防控中发挥着承上启下的重要作用，一方面要掌握和执行国家和省级动物疫病防控政策和防控措施，另一方面要在当地政府的领导下，组织开展辖区内动物疫病预防、应急处置、检疫监督等防控工作，同时还是重大动物疫情监测和报告的前线战士。因此，县级兽医人员在我国重大动物疫病防控中发挥着重要的作用。

二、县级兽医人员在高致病性禽流感防控中有何职责？

县级兽医人员在全国动物疫病防控中发挥着承上启下的重要作用，其职责包括：

（1）宣传和落实国家、省、市高致病性禽流感各项防控政策，制定和完善所在县高致病性禽流感应急预案；

（2）指导乡镇兽医人员和村级动物防疫员开展高致病性禽流感免疫接种等综合预防控制措施；

（3）指导乡镇兽医人员和村级动物防疫员开展高致病性禽流感

疫情监测，配合国家、省、市兽医机构开展高致病性禽流感流行病学调查；

（4）对运输和销售的禽和禽产品进行检疫监督；

（5）依法处置可疑的疫情，包括及时开展现场调查，核实和上报可疑疫情，采集样品并进行初步检测，对发病场（户）实施隔离监控，禁止禽类、禽类产品及有关物品移动，并对其内、外环境实施严格的消毒措施；

（6）依法处置确诊的疫情，包括划定疫点、疫区、受威胁区，采取相应的处置措施，开展流行病学调查，直到按照法定程序，解除封锁。

三、针对县级兽医人员的培训有何意义？

通过培训，县级兽医人员可以获得他们开展动物疫病预防、应急处置、检疫监督等工作所需要的知识和信息，能够培训和指导乡镇兽医人员和村级动物防疫员，提高基层兽医工作效能，落实国家高致病性禽流感等重大动物疫病防控政策。因此，针对县级兽医人员的培训具有非常重要的意义。

举例说来，2007 年，小反刍兽疫（又称"羊瘟"）从中印边境传播到我国西藏日土县。由于当地县级兽医人员曾经接受过针对此病的培训，他们及时发现和报告了小反刍兽疫可疑疫情，为我国迅速控制和扑灭这起重大疫情争取了宝贵的时间。否则，疫情扩散开来，将给我国养羊业带来毁灭性打击和长期沉重的经济负担。

·········· 问题与讨论 ··········

1.1 从培训人员中，随机抽取 10 名学员，请他们分别谈谈各自的工作职责和对这次培训的期望。

　　1.2　针对本书第十六讲的演习案例，请每位学员在相互不讨论的前提下，用 15 分钟写出自己的答案，交给培训教师，答卷上用答题者自己设定的容易记住的代码代替姓名（在培训结束后，用同一代码代替姓名，回答同一问题）。

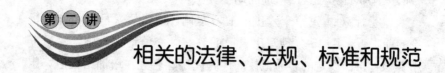

相关的法律、法规、标准和规范

一、《中华人民共和国动物防疫法》介绍

在总结我国动物防疫工作实践经验的基础上，借鉴外国动物疫病防治工作的经验，2007 年全国人民代表大会修订了《中华人民共和国动物防疫法》（下文简称《动物防疫法》），并于 2008 年 1 月 1 日开始实施。这部法律的修订标志着我国动物防疫工作走向法制化管理的新阶段。其中，有多处涉及到高致病性禽流感的防控工作。例如，该法指出，国家对严重危害养殖业生产和人体健康的动物疫病实施强制免疫；经强制免疫的动物，应当建立免疫档案；动物疫病预防控制机构应当按照国务院兽医主管部门的规定，对动物疫病的发生、流行等情况进行监测，从事动物饲养、屠宰、经营、隔离、运输以及动物产品生产、经营、加工、贮藏等活动的单位和个人不得拒绝或者阻碍；发生一类动物疫病时，县级以上地方人民政府应当立即组织有关部门和单位，采取封锁、隔离、扑杀、销毁、消毒、无害化处理、紧急免疫接种等强制性措施，迅速扑灭疫情等。

新修订的《动物防疫法》全文见附录 1。

二、《重大动物疫情应急条例》介绍

2005 年 11 月，国务院颁布了《重大动物疫情应急条例》。该条例的颁布有利于建立和完善重大动物疫情应急处理机制，促进养殖业健康稳定发展，保障公众身体健康与生命安全，维护正常的社会秩序。

对于高致病性禽流感防控而言，该条例的颁布意义尤为重要。它是依法防控高致病性禽流感的重大措施，是加强高致病性禽流感防控工作的法制保障。它确立了高致病性禽流感疫情应急处置的基本原则，明确了政府、社会和公民在应急处置工作中的职责，建立了应急处置工作的制度和程序，加大了对应急防控违法行为的惩处力度，充分反映了当前防控高致病性禽流感的客观要求，体现了依法防控的指导方针，标志着高致病性禽流感依法防控工作进入了一个新的阶段。

该条例的全文见附录2。

三、应急预案

2004年国务院办公厅发布《全国高致病性禽流感应急预案》，2006年2月国务院发布《国家突发重大动物疫情应急预案》。有关部委、地方各级政府依据《动物防疫法》、《重大动物疫情应急条例》和国家级应急预案，还制定了本部门或辖区内的重大动物疫情应急预案和高致病性禽流感应急预案。这些应急预案明确规定了高致病性禽流感应急具体的措施和要求。此外，农业部2005年还发布了《农业部门应对人间发生高致病性禽流感疫情应急预案》，为在人间发生高致病性禽流感疫情时，及时有效预防、控制和扑灭高致病性禽流感疫情，协助卫生部门做好人间禽流感防控工作，最大程度地减少疫情对公众健康和社会造成的危害，确保经济发展和社会稳定，保障人民身体健康安全，明确了行动规范。

《国家突发重大动物疫情应急预案》、《全国高致病性禽流感应急预案》和《农业部门应对人间发生高致病性禽流感疫情应急预案》的全文见附录3、附录4和附录5。

四、《高致病性禽流感防治技术规范》的介绍

农业部 2007 年颁布的《高致病性禽流感防治技术规范》综合考虑了《动物防疫法》、《重大动物疫情应急条例》、《国家突发重大动物疫情应急预案》以及相关的国家和行业标准，对高致病性禽流感防控工作做出了详细的规定和指导，是各地开展高致病性禽流感防控工作的重要依据，也是本教材编写的重要依据。

农业部颁布的《高致病性禽流感防治技术规范》全文见附录 6。

五、如何正确理解高致病性禽流感防治方面的法律法规？

上述这些法律法规各项规定基本上是相互一致的，但是也有个别不一致的地方。例如，《重大动物疫情应急条例》中规定，对于疫区，需要扑杀并销毁染疫和疑似染疫动物及其同群动物，销毁染疫和疑似染疫的动物产品，对其他易感染的动物实行圈养或者在指定地点放养，役用动物限制在疫区内使役，并没要求扑杀所有易感动物，但是《全国高致病性禽流感应急预案》指出，需要扑杀疫区内所有禽类。这是因为《重大动物疫情应急条例》给出的是各种一类动物疫情处置共同的要求，这个要求可能低于《全国高致病性禽流感应急预案》给出的要求。此外，在疫区的划分上，《全国高致病性禽流感应急预案》规定，以疫点为中心，将半径 3 公里内的区域划为疫区，而《高致病性禽流感防治技术规范》中指出，疫区是由疫点边缘向外延伸 3 公里的区域，疫区划分时应注意考虑当地的饲养环境和天然屏障（如河流、山脉等）。《高致病性禽流感防治技术规范》在这个问题上的修订是以科学和实践为基础，各地应该以《高致病性禽流感防治技术规范》为准进行疫区的划分。

此外，还要根据时代的发展，来理解上述法律法规，特别是疫

区动物扑杀方面，在有关法律法规制定的时候，我国还没有实行高致病性禽流感强制免疫政策。现在，实行强制免疫后，疫区内经过调查监测，确认防疫条件合格的、处于免疫保护期内的规模化养殖场饲养的家禽可以不扑杀。

六、我国高致病性禽流感防控基本政策是什么？

我国高致病性禽流感防控的方针是"加强领导、密切配合、依靠科学、依法防治、群防群控、果断处置"。胡锦涛主席、温家宝总理等中央领导，多次针对禽流感防控工作作出重要批示。国务院成立全国防治高致病性禽流感指挥部，农业部和其他部委密切配合，采取了以下八个方面的综合防控措施：

1. 健全重大动物疫病防控法律法规体系，完善禽流感疫情应急反应机制；

2. 推进兽医体制改革，完善重大动物疫病防控体系建设；

3. 执行全面的强制免疫政策，构筑可靠的免疫屏障；

4. 严格动物卫生监督执法工作，加强检疫监管和活禽交易市场的管理；

5. 强化疫情监测和流行病学调查，建立健全禽流感预警机制；

6. 及时果断处置突发疫情，防止疫情扩散蔓延；

7. 推进养殖模式改变，维护家禽业稳定发展；

8. 积极开展国际交流与合作，及时对外公布疫情信息。

问题与讨论

2.1　我国扑灭高致病性禽流感疫情主要政策是什么？

2.2　高致病性禽流感疫情如何对外公布？

2.3 在高致病性禽流感防控工作中，违纪违法行为要承担哪些责任？

2.4 对于拒绝强制免疫、非法转移疫区动物的养殖场户，应该如何处罚？

认识高致病性禽流感

一、什么是禽流感?

流感是流行性感冒的简称,它的病原是流感病毒。很多动物,包括人、猪、马、鸡、鸭、鹅,都存在流感这种传染病。其中,人的流感叫人流感,猪的流感叫猪流感,禽的流感叫禽流感。

禽流感是家禽和野鸟的一种传染病,它的病原是禽流感病毒。鸡、鸭、鹅、鹌鹑、喜鹊等多种家禽和野鸟,都可以感染禽流感病毒。

二、禽流感病毒有哪些特性?

禽流感病毒形态多样,通常为球形,直径80~120纳米,个别呈长丝状。

禽流感病毒可分为三层(图3-1)。其中,最里面一层是病毒的基因物质,中间一层是基质蛋白,最外一层是包膜,来自宿主细胞。包膜的表面覆盖着许多突起,这些突起分为两种。其中一种能凝集红细胞,称为血凝素,英文缩写是HA;另一种称为神经氨酸酶,英文缩写是NA。

在禽流感病毒编码的十几个蛋白中,HA基因编码的HA蛋白最为重要。它在感染、致病和免疫等方面发挥着重要作用(图3-2)。

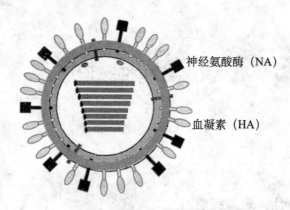

图 3-1　禽流感病毒结构模式图

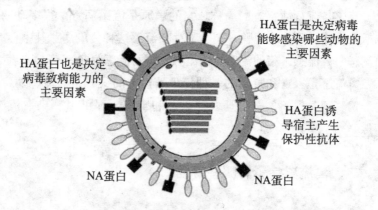

图 3-2　禽流感病毒 HA 蛋白在感染、致病和免疫等方面发挥重要作用

根据 HA 蛋白的不同，禽流感病毒分成 16 个亚型（H1～H16）；根据 NA 蛋白的不同，禽流感病毒分成 9 个亚型（N1～N9）。它们的组合形成了几十个亚型，如 H5N1 亚型在 HA 蛋白上，属于 H5 亚型，在 NA 蛋白上，属于 N1 亚型。

同一个 HA 亚型的流感病毒，如 H3 亚型的流感病毒，有些是禽流感病毒，有些是人流感病毒，有些是马流感病毒，有些是猪流感病毒。同一个 HA 亚型的禽流感病毒与人流感病毒、马流感病毒、猪流感病毒，在 HA 基因序列上，通常有显著的差异，但是这种差异小于不同的 HA 亚型的禽流感病毒的 HA 基因序列的差异。举例来说，H3 亚型的禽流感病毒和 H3 亚型的猪流感病毒在 HA 基因序列上有显著差异，但是这种差异小于 H3 亚型禽流感病毒与 H5 亚型禽流感病毒在此基因序列上的差异。

在家禽和野鸟中，各亚型的流感病毒都可以分离到。在猪群中，H3N2、H1N1、H1N2 三个亚型流感病毒最为常见。在人群中，已经发现 H3N2、H1N1、H2N2 三个亚型流感病毒曾经或正在广泛传播。在马群中，已经发现 H3N8 和 H7N7 两个亚型流感病毒曾经或正在广泛传播。一些海洋哺乳动物，如鲸鱼和海豹，也被发现感染了流感病毒。动物群体中的流感病毒的谱系是变化的。例如，20 世纪 70 年代末，H7N7 亚型马流感病毒就消失了。再如，H3N2 亚型人流感病毒是 1968 年才出现的。

由于 HA 蛋白序列上差异，禽流感病毒一般只感染禽；人流感病毒一般只感染人。但是从历史来看，人流感病毒都可以认为是禽流感病毒通过基因变异，获得感染人的能力后，在人群中传播和繁衍下去而形成的。

流感病毒的变异包括两种形式。一种是点的突变，一种是基因片段的重新组合。前者导致的变化较小，后者导致的变化较大。后者需要同一宿主细胞同时感染两个不同的流感病毒（它们在复制增殖的过程中，其基因物质混在一起，使得在病毒装配阶段发生基因片段的重新组合）。

在禽流感病毒向人流感病毒转变过程中，猪常常扮演着"混合器"或"孵化器"的作用。这是因为猪既可以感染猪流感病毒，也可以感染人流感病毒和禽流感病毒。猪感染了禽流感病毒后，此病毒可以在猪体内发生点的突变，或者与另一流感病毒发生重新组合，从而获得了感染人的能力。

禽流感病毒对热、酸碱、紫外线、有机溶剂都很敏感。56℃，

30分钟，禽流感病毒被杀死；酸性或碱性环境中，禽流感病毒都很快就失去感染能力；禽流感病毒还能够被阳光中的紫外线灭活，也能够被日常所用的各种消毒剂灭活。

禽流感病毒在冷冻的禽肉和骨髓中可存活10个月，在22℃的湖水中可以存活4天，在0℃的湖水中可以存活30天，在冰冻的湖水中能存活数月，在粪便中可以存活1周，在羽毛中可以存活18天。

三、什么是高致病性禽流感？

家禽和野鸟感染禽流感病毒后，表现的临床症状不一样。有的出现大量的发病和死亡，有的却不表现任何症状。为什么出现不同的临床表现呢？主要有三个方面的原因：①宿主的原因，有些禽流感病毒对鸭、鸽子等禽鸟致病力较弱，但是对鸡、鹌鹑等禽鸟的致病力较强；②免疫的原因，有些禽鸟因为以前感染过禽流感病毒，或者人工接种过禽流感疫苗，它们获得了对禽流感病毒的免疫力；③病毒的原因：有些致病力很强，有些致病力很弱。

为什么有些禽流感病毒致病能力很强？禽流感病毒的致病能力主要也是由前面提到的HA蛋白的序列决定的。致病能力强的禽流感病毒通常能够进入禽鸟的血液里面，在禽鸟多个器官增殖，引起禽鸟发病；致病能力弱的禽流感病毒通常不能进入禽鸟的血液里面，只能在禽鸟的呼吸道黏膜、消化道黏膜增殖，引起禽鸟的症状比较轻微。

致病力很强的禽流感病毒叫做高致病性禽流感病毒。到目前为止，高致病性禽流感病毒要么是H5亚型，要么是H7亚型。在我国家禽和野鸟中，经过长期监测，没有发现过H7亚型高致病性禽流感病毒。

由高致病性禽流感病毒引起的家禽或野鸟的感染，无论是否出现临床症状，都称为高致病性禽流感。到目前为止，高致病性禽流感要么是 H5 亚型（如 H5N1、H5N2、H5N3 亚型），要么是 H7 亚型（如 H7N1、H7N3、H7N7 亚型）。

致病力低的禽流感病毒引起的禽类动物感染，称为低致病性禽流感。目前我国各地发现的 H9 亚型禽流感病毒的感染，都属于低致病性禽流感。

四、高致病性禽流感有哪些危害？

历史上，几乎每一次高致病性禽流感疫情，损失都十分严重。其直接原因是引起家禽大量发病死亡（图 3-3），并且能够快速传播到其他农户和整个地区，由此导致禽产品出口受阻，政府也需要拿出大量的资金来封锁交通、扑杀感染的家禽、进行大范围的消毒，防止疫情扩散到其他地方。

图 3-3　高致病性禽流感可以导致家禽大量死亡

除了对家禽致病以外，高致病性禽流感有时也引起人感染、发病甚至死亡。由于高致病性禽流感危害巨大，我国兽医部门把它列为一类动物疫病，卫生部门把它列为法定报告的传染病。也就是说，无论是动物发生高致病性禽流感，还是人感染了高致病性禽流感，都必须及时报告给当地政府。

五、为什么说高致病性禽流感会引起人流感大流行？

一般而言，禽流感病毒和人流感病毒是不一样的。人流感病毒一般只感染人，不感染禽；禽流感病毒一般只感染禽，不感染人。但是，目前在禽类流行的 H5N1 亚型高致病性禽流感病毒有时能够感染某些人，导致他们发病，并且病死率很高。从 2003 年到 2007年年底，全球共有数百人死于 H5N1 亚型高致病性禽流感病毒的感染。

禽流感病毒可以通过变异，变成人流感病毒。根据有关研究结果表明，目前在家禽中流行的 H5N1 亚型高致病性禽流感病毒只要通过一些小的突变，就可以变为人流感病毒，从而能够在人群中传播。由于这个亚型的流感病毒以前从未在人群中流行，因此人类对这种亚型的流感病毒普遍缺乏免疫力，因此这个亚型的流感病毒如果变为人流感病毒，有可能将在人间大规模地流行，简称大流行。20 世纪，由于禽流感病毒通过变异，变成人流感病毒，引起了 3 次人流感大流行。

六、以前有高致病性禽流感疫情吗？

1878 年，也就是我国清朝光绪 4 年，意大利就发生了高致病性禽流感疫情，并在意大利持续了半个世纪。

第一次世界大战期间，高致病性禽流感在欧洲家禽中发生大流行，并且很可能这次家禽的禽流感病毒通过突变，变成可以感染人的流感病毒，并在人间引起了人流感大流行，由此造成数千万人死亡。

欧洲其他国家，如德国、英国、荷兰近几十年也多次发生高致病性禽流感疫情。2003 年，荷兰发生 H7N7 亚型高致病性禽流感疫情，政府被迫扑杀了 2 800 万只家禽。另外，有 86 人被诊断出感染了禽流感病毒，其中 1 名兽医死亡。

除了欧洲之外，美洲和澳大利亚也发生过多次高致病性禽流感疫情。近百年来，美国已知的高致病性禽流感疫情至少有 8 次。最早的一次发生于 1924 年；最近的一次是 2004 年。

据统计，1959 年以来，全球至少发生 20 多次较大规模的高致病性禽流感疫情，分布于欧洲、美国、澳大利亚等地区（见表 3-1）。

虽然全球很早就存在高致病性禽流感疫情，但是我国只是在近些年才出现高致病性禽流感疫情。各项研究表明，至少在 20 世纪 90 年代中期以前，我国是没有高致病性禽流感疫情的。病毒的基因序列研究也提示中国近些年发生的高致病性禽流感是从国外传过来的。实际上，其他一些重大动物疫病，如蓝耳病、口蹄疫也都是从国外传到我国的，而不是从中国传到国外去的。

表 3-1 1959 年以来世界各地高致病性禽流感疫情汇总

序数	年份	国家或地区
1	1959	英国
2	1963	英国
3	1966	加拿大
4	1976	澳大利亚
5	1979	德国
6	1979	英国
7	1983	美国
8	1983	爱尔兰
9	1985	英国
10	1991	英国
11	1992	澳大利亚
12	1994	澳大利亚
13	1994	墨西哥
14	1994	巴基斯坦

续表

序数	年份	国家或地区
15	1997	澳大利亚
16	1997	中国香港
17	1997	意大利
18	1999	意大利
19	2001	中国香港
20	2002	智利
21	2002	中国香港
22	2003	荷兰
23	2004	美国
24	2003年至今	亚、欧、非洲多国

七、近年来高致病性禽流感疫情总体情况如何？

1996年，中国农业科学院哈尔滨兽医研究所从广东一个鹅场分离到一株 H5N1 亚型高致病性禽流感病毒。这是我国首次分离到的高致病性禽流感病毒。

1997年3~5月，我国香港暴发 H5N1 亚型高致病性禽流感疫情，波及全港 160 多个鸡场，香港销毁了 150 多万只鸡和鸭、鹅、鸽子。这起疫情还导致 18 人（年龄 1~60 岁）感染，其中 6 人死亡。

2001年，越南从活禽交易市场分离到 H5N1 亚型高致病性禽流感病毒。

2003年底至 2004 年年初，H5N1 亚型高致病性禽流感以前所未有的态势，在 8 个亚洲国家，包括韩国、泰国、越南、日本、中国、老挝和印度尼西亚，暴发了一系列的禽流感疫情。

2004年初，越南和泰国首次报道人感染 H5N1 亚型高致病性禽流感病毒病例，后来柬埔寨、印度尼西亚、中国也发生了人感染禽流感死亡病例。

在我国，2004年1月广西鸭场发生 H5N1 亚型高致病性禽流感，随后广西、湖北、湖南、安徽、广东、上海、新疆、浙江、云南、河南、甘肃、陕西、江西、天津、西藏和吉林等 16 个省、直辖市、自治区共发生 50 起 H5N1 亚型高致病性禽流感疫情，造成14.3 万只家禽感染，死亡 12.8 万只禽，扑杀 900 多万只禽。

2005 年，H5N1 亚型高致病性禽流感在亚洲持续存在，并横扫整个欧洲大陆，还在中亚、西亚、非洲登陆。2005 年全年我国共暴发 32 起疫情，死亡 15.5 万只禽，扑杀 2 257 万只禽。

2006 年，亚洲、欧洲、非洲均有 H5N1 亚型高致病性禽流感暴发。我国针对禽流感流行株研发出有效的疫苗，并对家禽全面实施强制性免疫政策，因此我国高致病性禽流感发病与死亡数明显减少。2006 年我国内地 7 省共发生 10 起疫情，发病家禽 9 万只，死亡家禽 4.7 万只，扑杀家禽 294 万只，死亡候鸟 3 641 只。

2007 年以来，我国报道的动物和人的 H5N1 亚型高致病性禽流感疫情显著减少，而全球动物和人的 H5N1 亚型高致病性禽流感仍处于大面积普遍发生和继续扩散的态势。其中一个突出的扩散趋势是家禽中 H5N1 禽流感疫情开始从亚洲和非洲扩散到欧洲数个国家。

从 2003 年到 2008 年年底，全球共有 15 个国家，包括我国，报告了 395 人感染 H5N1 亚型高致病性禽流感病毒，其中 63.3%的病例（250 例）死亡。

关于全球和我国高致病性禽流感动物疫情和人感染病例，读者可以参考世界动物卫生组织的网站（www. oie. int）、国家农业部网站（www. agri. gov. cn）、中国动物卫生与流行病学专业网站（www. epizoo. org）最新内容。

八、目前 H5N1 亚型高致病性禽流感发展有何态势？

目前，H5N1 亚型高致病性禽流感在我国短期内很难彻底消除，严重的动物疫情和人感染病例随时可以发生。此外，H5N1亚型高致病性禽流感病毒经过一定的突变，有可能增加其对人的感染能力，引起人流感大流行。因此，无论是对经济还是对社会秩序和公共卫生而言，H5N1亚型高致病性禽流感影响仍然很大。各级政府和各级兽医人员需要保持高度的警惕。

就我国而言，由于采取全面免疫的政策，疫情得到有效控制，但是由于野禽和一些水禽携带高致病性禽流感病毒的现象，广大家禽养殖场或养殖户的防疫措施还不健全，活禽运输频繁、病毒变异等诸多原因，H5N1亚型高致病性禽流感疫情在我国仍然时有发生，并且难以在短期内根除。

高致病性禽流感临床诊断

一、高致病性禽流感有哪些临床症状？

家禽，特别是鸡，发生高致病性禽流感时，最初的临床表现是急性发病死亡或不明原因死亡，群体的采食量突然下降。对于蛋鸡群体，常见产蛋量突然下降。高致病性禽流感潜伏期从几小时到数天，最长可达 21 天。

高致病性禽流感临床上还常见脚鳞出血（图 4-1）；鸡冠出血或发绀、头部和面部水肿（图 4-2）；鸭、鹅等水禽可见腹泻和神经症状（图 4-2），有时可见角膜炎症，甚至失明。

二、高致病性禽流感剖检上有什么病理变化？

高致病性禽流感病死鸡剖检，可见消化道、呼吸道黏膜广泛充血、出血；腺胃黏液增多，腺胃乳头出血，腺胃和肌胃交界处黏膜可见带状出血；心冠及腹部脂肪出血（图 4-1）；脾脏出现肿大、出血；输卵管的中部可见乳白色分泌物或凝块；卵泡充血、出血、萎缩、破裂，有的可见"卵黄性腹膜炎"；脑、胰腺和心肌组织出现坏死点。

三、高致病性禽流感临床诊断要点是什么？

● 临床不能确诊，只能判定可疑疫情；

● 饲养管理上最突出的现象是家禽死亡率增高、产蛋下降或采食下降，出现此种现象，必须考虑到发生高致病性禽流感的可能；

● 临床上，公鸡或火鸡头部肿胀，冠和肉垂发紫或发蓝，有时可见出血点；母鸡一开始可能下软壳蛋，接下来出现产蛋下降；

● 剖检上，最突出的症状是多器官（腺胃、心、脑、脚）出血；

● 要与急性中毒病、禽霍乱、鸭瘟和新城疫等疾病区别开来。

实际上，临床难以鉴别高致病性禽流感、新城疫和禽霍乱。急性中毒病一般不发热，且与饲料饮水密切相关；禽霍乱一般有剧烈下痢症状。

近年来，由于各种原因，鸡的高致病性禽流感典型症状，如高病死率、多脏器出血、腿部鳞片出血点有时并不显现。此外，高致病性禽流感在不同种类的禽鸟可表现不同的症状，甚至对于有些禽鸟，不引起临床症状。例如，很多鸭、鹅、鹌鹑、野鸟感染高致病性禽流感病毒后，并不发病，但是可以长期向外界排毒。

鸭、鹅感染 H5N1 亚型高致病性禽流感病毒后，有时也会发病。一般潜伏期很短，数小时至数天，病鸭体温升高，食欲骤减，饮水增加，粪便稀薄、白色或黄绿色，精神沉郁，出现神经症状（图 4-2），有的出现头部肿胀，眼睛流泪，呼吸困难，产蛋鸭感染后数天内鸭群产蛋率由 90％以上可降到 10％，病死率为 5％～50％。

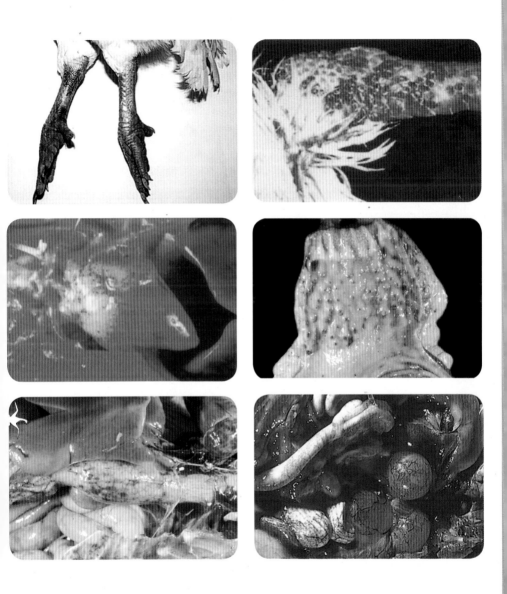

▲ 图4-1 家禽的脚鳞出血和心脏、腺胃等多种器官出血

▲ 死亡增多采食下降

▲ 颈部肿大精神沉郁

▲ 鼻液增多

▲ 产软壳蛋

▲ 冠、眼、肉垂肿大

▲ 水禽可出现神经症状

图4-2 高致病性禽流感可能出现的一些症状

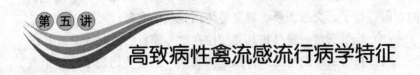

第五讲
高致病性禽流感流行病学特征

一、高致病性禽流感流行病学基本特征是什么？

（一）易感动物

鸡、火鸡、鸭、鹅、鹌鹑、雉鸡、鹧鸪、鸵鸟、孔雀等多种禽类容易感染高致病性禽流感病毒。很多种类的野鸟也可感染此病毒。这些禽鸟感染高致病性禽流感病毒后，有些可能出现症状，有些可能并不出现症状。

鹌鹑和鸽子在我国的饲养量较大。根据现有的研究资料，鹌鹑容易感染 H5N1 亚型高致病性禽流感，但是鸽子不容易感染 H5N1 亚型高致病性禽流感。

（二）传染源

传染源主要为病禽（野鸟）和带毒禽（野鸟）。病毒可长期在污染的粪便、水等环境中存活。

（三）传播和感染途径

高致病性禽流感主要是通过接触感染禽（野鸟）及其分泌物和排泄物、污染的饲料、水、蛋托（箱）、垫草、种蛋等媒介传播，也可通过气源性媒介传播。病毒是经呼吸道或消化道感染。具体的传播与感染途径有多种（图5-1），包括：

（1）引进外观健康的处于隐性感染或处于潜伏期的家禽；

（2）有些人员（特别是收购禽的商贩）到过有高致病性禽流感

病毒污染的养禽场、活禽交易市场、禽屠宰场。病毒可以借助他们的衣服、鞋子、交通工具、鸡笼等传播到新的禽群；

（3）携带病毒的野鸟将其粪便拉在散养家禽的庭院或山坡上；

（4）携带病毒的禽鸟（特别是鸭和鹅）的粪便污染了池塘里或河流里的水，鸡喝了这种水而被感染。

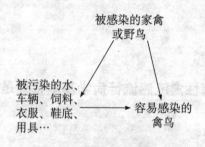

图 5-1　高致病性禽流感主要传播途径

二、高致病性禽流感流行病学要点是什么？

● 季节上，本病四季均可发生，但冬、春季节多发。

● 地理分布上，高致病性禽流感容易发生于一些饲养条件、免疫、消毒等防疫措施不足的地区、水禽（鸭和鹅）饲养密度较高的地区和野生水鸟密集的地区，并且这些地区一旦发生疫情，难以根除。

● 水禽（鸭和鹅）是此病毒重要的传染源，它们通常不表现临床症状。

● 感染的家禽粪便携带大量的病毒。

● 粪便中的病毒可以造成水、饲料、空气中灰尘、人员鞋和衣服、蛋托、车辆的污染。随着这些物体的流动，可发生疫情的扩散。

● 一些野鸟，特别是野鸭，携带此病病毒。

● 动物与动物产品的流通运输是疫情传播的重要途径。

····················〖 问题与讨论 〗····················

5.1　高致病性禽流感的潜伏期有多久？在潜伏期能传染吗？

5.2　禽流感的传播途径是什么？

5.3　高致病性禽流感的主要临床表现如何？与一般新城疫有何区别？

5.4　高致病性禽流感的流行特点是什么？

5.5　高致病性禽流感的发生与家禽的年龄、性别、品种有关吗？

5.6　高致病性禽流感会经蛋传播吗？

5.7　为什么高致病性禽流感多发生于冬、春季节？

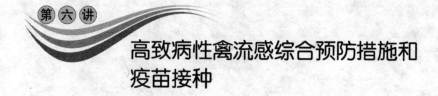

第六讲

高致病性禽流感综合预防措施和疫苗接种

一、对高致病性禽流感有哪些预防措施？

对高致病性禽流感的预防应当采取多种措施（图 6-1）：

- 不要在大量饲养鸭或鹅的地区办养鸡场；
- 不要在交通要道附近办养鸡场；
- 严禁鸡和水禽（鸭或鹅）混养；
- 建立健全养殖场卫生防疫制度，做好养殖场清洁卫生消毒；
- 加强养殖场管理，减少养殖场人员与车辆流动；
- 采用设置防鸟网等方法，防止野鸟飞入养殖场；
- 接种疫苗。

二、对高致病性禽流感疫苗接种有哪些基本要求？

国家对高致病性禽流感实行强制免疫制度，所有易感禽类饲养者必须按国家制定的免疫程序做好免疫接种，当地动物疫病预防控制机构负责对免疫接种予以监督指导。

对防疫条件好、进口国有要求的出口企业，以及提供研究和疫苗生产用途的家禽，报经省级兽医行政管理部门批准，并接受当地动物疫病预防控制机构的监督，可以不接种高致病性禽流感疫苗。

高致病性禽流感免疫所用疫苗必须采用农业部批准使用的产

1. 保持距离才有安全

- 禁止人员随意出入养殖场
- 用墙、篱笆等设施防止所养的禽外出
- 不要和其他禽鸟接触

4. 接种疫苗保证安全

- 采用政府指定的疫苗
- 用正确的方法接种疫苗
- 通过抗体检测明确疫苗免疫效果

2. 搞好卫生才有安全

- 和禽鸟接触后，要洗手和换洗衣服
- 经常打扫和消毒养殖场所、笼具
- 保持家禽饮水卫生

5. 认识可疑疫情

- 突然有较多的禽发生死亡，有时表现采食或产蛋大量下降
- 排除中毒、鸭瘟和禽霍乱的可能

3. 不要把病带入养殖场

- 进场的笼具、蛋托等需要消毒
- 进场的汽车需要消毒
- 新进的禽需要先隔离一段时间

6. 尽早报告可疑疫情

- 发现可疑疫情后，应尽早报告当地兽医部门
- 采取隔离措施，不外运禽和有关物品

图 6-1 高致病性禽流感综合预防措施

品，并由动物疫病预防控制机构统一组织采购、逐级供应。

各地动物疫病预防控制机构应定期对免疫效果予以监测，如果抗体合格率低于70%，需要及时加强免疫。

三、免疫程序和疫苗种类

规模养殖场每年按农业部颁布的免疫程序进行免疫，对散养家禽实施春秋集中免疫，每月对新补栏的家禽要及时补免。

由于自然存在的毒株在不断发生变异，疫苗和免疫程序需要进行相应的调整，以农业部颁布的最新指导原则为准。农业部的网址是 www.agri.gov.cn。2009 年，国家推荐的免疫方案参见附录 7。

目前，国内生产的高致病性禽流感疫苗主要有以下几类：

1. Re-4 灭活疫苗：这种疫苗采用的种毒是利用反向遗传技术制备的。它的 HA 基因对应第 7 支的 H5N1 高致病性禽流感病毒。这支病毒在我国被称为"北方变异株"。它在 2006 年山西省长治市和宁夏回族自治区中卫市引起了高致病性禽流感疫情。2008 年，它在江苏省引起了家禽感染。目前还没有发现这个变异的病毒感染水禽的证据。

2. Re-5 灭活疫苗：这种疫苗采用的种毒也是利用反向遗传技术制备的。它的 HA 基因对应第 2.3.4 支的 H5N1 高致病性禽流感病毒。这支病毒在我国被称为"南方水禽毒"。此毒近年来在我国南方和北方都引起了家禽疫情和人的感染，并且不仅感染水禽，也感染鸡。

3. Re-4 和 Re-5 二价灭活疫苗：这种疫苗既含有 Re-4 的毒株，也含有 Re-5 的毒株。

4. H5-H9 二价灭活疫苗：这种灭活疫苗既含有 H5N1 亚型禽流感病毒的毒株，也含有 H9N2 亚型禽流感病毒的毒株。

5. 禽流感-新城疫二联活疫苗（rL-H5）：这种疫苗采用的种毒

也是高科技的产物。它是在新城疫病毒某个基因上插入了 H5N1 亚型禽流感病毒 HA 基因的一个片段。据此疫苗的研制单位报道，此疫苗可以预防 H5N1 亚型禽流感，也可以预防新城疫。

四、疫苗免疫接种注意事项

1. 免疫人员必须经过专业培训，熟练掌握免疫操作技术和个人防护知识，了解如何防止动物疫病扩散。

2. 疫苗接种前应当对动物群体的健康状况进行认真的检查，只有健康的禽群才能接种疫苗。否则，不但不能产生良好的免疫效果，而且有可能因为免疫接种的刺激，而诱发疫病的流行。

3. 疫苗接种最好选在早晨，实施过程中应避免阳光照射、高温环境。疫苗使用后，应注意观察被接种家禽状况，发现过敏等异常反应及时处理。

4. 免疫接种产生的废弃物应集中烧掉或深埋，切忌乱扔乱放。

5. 疫苗接种的器械要事先消毒，注射器、针头要洗净并煮沸消毒后方可使用。家禽可在注射一笼、一散养户或 30 只时换一次针头，针头不足时，可边煮边用。

6. 在免疫前应搞好栏舍消毒工作，在免疫后 3 天内，禁用杀菌剂、杀虫剂，禁止喷雾消毒。免疫后要保护好动物，免受野毒的侵袭。

优选颈部皮下注射。在家禽颈背部下 1/3 处，针头向下与皮肤呈 45°角，严禁注射在颈部肌肉内。笼养的家禽慎用腿部肌肉注射。

五、疫苗免疫前应做好哪些准备工作？

1. 准备相关器具，包括消毒好的注射器、针头、酒精棉球、碘酒棉球、免疫证和免疫登记表。

2. 准备隔离防护用品，包括乳胶手套、口罩、隔离防护服、胶靴等。一是防止动物携带的病原感染人，二是便于出入各养殖场所时进行清洗消毒，防止因免疫工作引起病原菌的传播。

3. 疫苗的储存和运输。国产冻干疫苗应在−20℃以下保存，灭活疫苗应在2~8℃下保存。疫苗应该在冷藏箱或放有冰块的保温桶中运输，冬天要防冻，夏天要防止阳光照射。

六、疫苗的正确使用方法是什么？

1. 使用前检查。检查包装有无破损，颜色有无改变，疫苗瓶口和铝盖胶塞是否封闭完好，是否在有效日期内，有无鼓气现象。如果疫苗出现某种异常，不得使用。

2. 冻干疫苗的使用。按照说明书，采用合适的稀释剂、稀释倍数和稀释方法进行稀释。稀释时，先用注射器吸入少量稀释液注入疫苗瓶中，充分振摇，再加入其余稀释液。用饮水方法接种的疫苗稀释剂最好用蒸馏水、去离子水或深井的水，不能用自来水。活疫苗的稀释可以在冰上进行，稀释后可以存放在冰上，并且应在2小时内用完。

3. 灭活疫苗的使用。使用前充分摇匀，疫苗启封后应于24小时内用完，避免反复冻融。夏天防止阳光照射，冬天可适当预暖一下（如在室温下搁置1~2小时）。

七、免疫档案的建立

养殖场必须建立自己的免疫档案，兽医管理部门必须建立本辖区的动物免疫档案。免疫档案发挥着工作记录、技术储备、信息保存、规划制定、效果评价、疫病诊断、决策分析所需要的重要信息。

　　免疫档案包括畜主、地址、免疫时间、畜禽种类、存栏数、应免数量、免疫数量、疫苗名称、疫苗生产厂家、生产批号、其他信息（如有些动物未免的原因）、畜主和免疫人员签字。

问题与讨论

　　6.1　农民散养的家禽如何预防禽流感？

　　6.2　鸡、鸭、鹅与猪混养，会不会导致高致病性禽流感的发生？

　　6.3　加强禽的饲养管理对预防禽流感有用吗？

　　6.4　孵化厂和育雏室应如何预防高致病性禽流感？

　　6.5　家禽的饲养方式和高致病性禽流感有没有关系？

　　6.6　高致病性禽流感病禽能够自愈吗？

　　6.7　家禽怀疑发生高致病性禽流感如何治疗？

　　6.8　如何保存和处理家禽的粪便？

　　6.9　接种禽流感疫苗后就万事大吉，不会再发生禽流感了吗？

第七讲

高致病性禽流感可疑疫情的报告

一、高致病性禽流感可疑疫情应该如何报告？

任何单位和个人发现禽类发病急、传播迅速、死亡率高等异常情况，应依法及时向当地动物防疫监督机构报告。

当地动物防疫监督机构接到疫情报告或了解可疑疫情情况后，应立即派出技术人员到现场进行初步调查核实并采集样品，符合临床可疑疫情规定的，确认为临床可疑疫情。

确认为临床可疑疫情的，应在 2 个小时内将情况逐级报到省级动物防疫监督机构和同级兽医行政管理部门，并立即将样品送省级动物防疫监督机构进行疑似诊断。

省级动物防疫监督机构确认为疑似疫情的，必须派专人将病样送国家禽流感参考实验室做病毒分离与鉴定，进行最终确诊；经确认后，应立即上报同级人民政府和国务院兽医行政管理部门，国务院兽医行政管理部门应当在 4 个小时内向国务院报告。

国务院兽医行政管理部门根据最终确诊结果，确认高致病性禽流感疫情。

二、高致病性禽流感临床可疑疫情由谁判定，判定的依据是什么？

高致病性禽流感临床可疑疫情由县级兽医部门判定。

高致病性禽流感临床可疑疫情的判断需要同时满足以下 3 个要求：

1. 符合高致病性禽流感流行病学基本特征。鸡、火鸡、鸭、鹅等多种禽类易感，多种野鸟也可感染发病；传染源主要为病禽（野鸟）和带毒禽（野鸟）；病毒可长期在污染的粪便、水等环境中存活；病毒传播主要通过接触感染禽（野鸟）及其分泌物和排泄物、污染的饲料、水、蛋托（箱）、垫草、种蛋、鸡胚和精液等媒介，经呼吸道、消化道感染，也可通过气源性媒介传播；

2. 禽发生急性发病死亡或不明原因死亡；

3. 至少发现了以下某一项临床指标或病理指标：

（1）脚鳞出血；

（2）鸡冠出血或发绀、头部和面部水肿；

（3）鸭、鹅等水禽可见神经和腹泻症状，有时可见角膜炎症，甚至失明；

（4）产蛋突然下降；

（5）消化道、呼吸道黏膜广泛充血、出血；腺胃黏液增多，可见腺胃乳头出血，腺胃和肌胃之间交界处黏膜可见带状出血；

（6）心冠及腹部脂肪出血；

（7）输卵管的中部可见乳白色分泌物或凝块；卵泡充血、出血、萎缩、破裂，有的可见“卵黄性腹膜炎”；

（8）脑部出现坏死灶、血管周围淋巴细胞管套、神经胶质灶、血管增生等病变，或胰腺和心肌组织局灶性坏死。

三、高致病性禽流感疑似疫情由谁判定，判定的依据是什么？

高致病性禽流感疑似疫情由省级兽医部门判定。

高致病性禽流感疑似疫情的判断标准是按照相关检测标准，用反转录-聚合酶链反应（RT-PCR）检测，结果 H5 或 H7 亚型禽流感阳性，或通用荧光反转录-聚合酶链反应（荧光 RT-PCR）检测阳性者可判定为高致病性禽流感。

四、高致病性禽流感疫情由谁确诊，确诊的依据是什么？

高致病性禽流感疫情由国家禽流感参考实验室确诊。确诊的依据是从病料中分离出禽流感病毒，并且鉴定为高致病性禽流感病毒。

········· 问题与讨论 ·········

7.1 高致病性禽流感病原的确认大概需要多长时间？

7.2 具备什么条件才能采集病料做高致病性禽流感病原的分离？

第八讲 样品采集和实验室初步检测

一、样品应该如何采集、保存和运输

针对高致病性禽流感可疑疫情，应采集多只病死禽多个组织样品，包括气管、脾、肺、肝、肾和脑等样品，每只禽的样品可放在一起进行编号、保存和运输。但是，如果采的是粪、肠等细菌较多的样品，每份样品应当单独编号、保存和运输。

日常进行病原学检测或监测时，活禽可采集气管和泄殖腔拭子；小型禽用拭子取样易造成损伤，可采其新鲜粪便；死禽应该采集上述组织样品。

采集的棉拭子，放入含有抗生素的 pH 值为 7.0～7.4 的 PBS 液的离心管内。抗生素的选择视当地情况而定，组织和气管拭子悬液中应含有青霉素（2 000 国际单位/毫升）、链霉素（2 毫克/毫升）、庆大霉素（50 微克/毫升）和制霉菌素（1 000 国际单位/毫升），粪便和泄殖腔拭子所有的抗生素浓度应提高 5 倍。加入抗生素后的 PBS 溶液的 pH 值一定要调至 7.0～7.4。

样品应密封于塑料袋或瓶中，置于有冰袋的容器中运输，容器必须密封，防止渗漏。容器应做好编号和标识。

禽血清样品的采集需要用一次性注射器，注射器编号后，从翅静脉处采集全血 2 毫升（图 8-1），然后盖上一次性注射器的盖子，倾斜放置数小时，待血清析出后轻轻将血清推入离心管中，编上对应的号码。

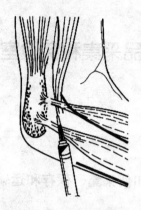

图 8-1　禽翅静脉采血方法

拭子样品或血清样品若能在 48 小时内送到实验室，冷藏运输。否则，应冷冻运输。肺、肝和脑等组织样品应冷冻保存和运输。

如果采样单位有特殊的要求，按照采样单位的要求办理。采样过程中，应及时填写好样品采集登记表。

日常要储备以下采样用品：不同大小的自封袋、密闭的采样盒、剪刀、一次性注射器、离心管、记号笔、冰块、消毒用品。

二、胶体金试纸条检测病原

（一）样本采集和处理

1. 气管咽部样本：先用手将鸡的喙拨开，露出咽部，将棉拭子插入咽部气管内，搅动几下取出，再放入含有 500 微升试剂盒提供的样品缓冲液，用力搅拌、挤压，尽可能使棉拭子上的样品洗脱下来，静置 15 分钟后，进行检测。

2. 泄殖腔样本或运禽车辆上的粪渍样本：直接用棉拭子从禽泄殖腔取样或蘸取运禽车辆上的粪渍，然后将棉拭子放入含有 500 微升试剂盒提供的样品缓冲液，用力搅拌、挤压，尽可能使棉拭子上的样品洗脱下来，静置 15 分钟后，进行检测。

样品采集登记表及其填写范例

（编号：TJ0901）

样品种类	泄殖腔/咽混合拭子	样品编号	TJ31-TJ60
被采动物	鸭（TJ31-TJ52）、鹅（TJ53-TJ60）		
采样人	王斌	所在单位	××县动物疫病预防控制中心
场（户）名称	××县××活禽市场	联系电话	××××××××
采样地点	××县××路××号		
动物养殖状况（包括动物品种、饲养规模、饲养方式、卫生防疫、自然及人工屏障等）	定点贩卖，品种主要是鸡，也有少量鸭、鹅、鸽子，均笼养，提供现场宰杀服务，卫生状况较差，每周消毒一次，不休市，周围是其他农产品销售摊位，市场外即是居民区		
临床症状及病史	外观健康。病史不清楚		
动物免疫情况	不清楚		
样品保存及运输条件	在泡沫箱中与冰块放在一起		
被采样单位签字	经办人：××××××（签字）××年××月××日	采样人签字	姓名：×××（签字）××年××月××日
备 注			

注：1. 此单一式三联，一联随样品封存，另两联分别由采样单位和养殖单位保存

3. 组织样本：取肺、脾脏等器官组织 1～2 克，在研磨器内加入 1～3 毫升生理盐水充分研磨后，冻融 1 次，4 000 转/分钟，离心 5 分钟，用上清液进行检测。

（二）操作步骤

1. 将密封袋打开，取出试纸板/条。

2. 取 40 微升待检样本加在试纸条/板的加样区，在加样区滴加 1 滴稀释液。

3. 30 分钟内观察并记录试验结果。

（三）结果判断

结果判断如图 8-2 所示。

1. 阳性结果：在试纸条/板的检测线和质控线位置上各出现一条紫红色条带。

2. 阴性结果：仅试纸条/板的质控线位置上出现一条紫红色条带。

3. 无效结果：在试纸条/板的检测线和质控线位置上均未出现紫红色条带。

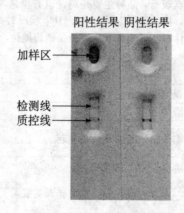

图 8-2　用胶体金试纸条检测禽流感病毒

（四）注意事项

1. 胶体金试纸条检测禽流感病毒具有快速、简便的特点，但灵敏度往往不高。因此，检测为阴性不能说明被检测的禽没有感染禽流感病毒。

2. 目前市场上有不同种类的胶体金试纸条检测禽流感病毒，有的是检测所有亚型的禽流感病毒，有的只检测 H5 亚型禽流感病毒。此外，有些试剂盒的操作与上述方法略有一些不同，所以需要仔细阅读试剂盒的说明书，明确其检测范围、样品处理方法和操作步骤。

3. 被检样品应为新鲜样品；检测前，被检样品和检测试剂应在室温（20～25℃）下放置 15 分钟，并在室温下检测；如发现试纸条/板密封袋破损，应弃之。

4. 当质控线与检测线上均不出现紫红色条带时，应重新测试。如果问题仍然存在，应立即停止使用此批号产品，并与制造单位联系。

三、血凝和血凝抑制（HA-HI）试验

HA-HI 试验是世界各国流感血清学监测所普遍采用的方法。它可以检测禽血清中是否含有禽流感抗体。对于没有免疫禽流感疫苗的家禽，如果检测到血清禽流感抗体阳性，则说明对应的禽可能感染了禽流感病毒；对于免疫了禽流感疫苗的家禽，如果检测到禽血清禽流感抗体阳性，则说明疫苗免疫有效。

（一）试验原理和注意事项

禽流感病毒能够吸附鸡的红细胞，使得鸡的红细胞发生凝集现象。这种凝集现象能够被抗同一亚型禽流感病毒的抗体抑制，并且只能够被抗同一亚型禽流感病毒的抗体抑制。例如，H5 亚型禽流感病毒的血凝现象，能够并且只能够被抗 H5 亚型禽流感病毒的抗体抑制。这就是流感病毒血凝抑制（HA-HI）试验的原理。

用 HA-HI 试验检测禽流感抗体，需要采用相应亚型的抗原。也就是说，检测 H9 亚型禽流感抗体，需要用 H9 亚型禽流感抗原（即灭活的标准的 H9 亚型禽流感病毒）；检测 H5 亚型禽流感抗体，需要用 H5 亚型禽流感抗原，不能用 H9 亚型禽流感抗原。

除鸡血清以外，用鸡红细胞按照 HA-HI 试验方法，检测哺乳动物和水禽的血清，需要采用霍乱滤液（中国疾病预防控制中心病

毒病所等单位生产）或高碘酸钾，除去存在于血清中的非特异凝集素，否则容易产生大量的假阳性。

高碘酸钾法除去存在于血清中的非特异凝集素：先加 0.15 毫升胰酶溶液于 0.3 毫升血清中，在 56℃ 水浴灭活 30 分钟后，冷却至室温；再加 0.9 毫升高碘酸钾溶液，混合，室温孵育 15 分钟；加 0.9 毫升丙三醇盐溶液，混合，室温孵育 15 分钟；加 0.75 毫升生理盐水并混合，置 4℃ 保存备用。有关溶液的配置见下一部分。

对于其他种类的禽血清，进行 HA-HI 试验，也可以考虑选用相应种类的禽红细胞。例如，检测鸭血清，采用鸭的红细胞。

（二）试验材料准备

● 生理盐水配制

称取氯化钠 9 克，加蒸馏水至 1 000 毫升，溶解后高压灭菌 15 分钟，然后 4℃ 冰箱中保存备用。

● 磷酸盐缓冲液（PBS）配制

称取氯化钠 8 克，氯化钾 0.2 克，二水磷酸氢二钠 1.15 克（或磷酸氢二钠 0.92 克，或十二水磷酸氢二钠 2.32 克）、磷酸二氢钾 0.2 克，加蒸馏水至 1 000 毫升，溶解后高压灭菌 15 分钟，然后 4℃ 冰箱中保存备用。此溶液 pH 值应为 7.3～7.4。

● 胰酶溶液配制

称取胰酶（P-250）200 毫克，加 PBS 溶液至 25 毫升，过滤除菌，分装保存于 −20℃ 或 −70℃，有效期为 6 个月。

● 高碘酸钾溶液

称取 KIO_4（分析纯）230 毫克，加 PBS 溶液至 100 毫升，过滤除菌，保存于 4℃，有效期为 1 周。

● 丙三醇溶液

量取 1 毫升丙三醇（分析纯），与 99 毫升 PBS 混合，过滤除菌。

● 阿氏液配制

称取葡萄糖 2.05 克、柠檬酸钠 0.8 克、柠檬酸 0.055 克、氯化钠 0.42 克，加蒸馏水至 100 毫升，加热溶解后调 pH 值至 6.1，69 千帕、114℃高压灭菌 10 分钟，然后 4℃冰箱中保存备用。阿氏液中既含有柠檬酸钠抗凝剂，又含有细胞生存的营养，所以它既可用作抗凝剂，又可用作红细胞的保存液。

● 10％和 1％鸡红细胞悬液的制备

首先采血：用注射器吸取阿氏液约 1 毫升，取至少 2 只 SPF 鸡（如果没有 SPF 鸡，可用常规试验证明体内无禽流感和新城疫抗体的鸡），采血 2～4 毫升，与阿氏液混合，放入装 10 毫升阿氏液的离心管中混匀。

然后洗涤鸡红细胞：将离心管中的血液经 1 000 转/分钟，离心 5 分钟，弃上清液，沉淀物加入阿氏液，轻轻混合，再经 1 500 转/分钟，离心 5 分钟，用吸管移去上清液及沉淀红细胞上层的白细胞薄膜，再重复 2 次以上过程后，加入阿氏液 20 毫升，轻轻混合成红细胞悬液，4℃保存备用，不超过 5 天。这 5 天内，如果发现溶血，也不能用于 HA-HI 试验。

10％鸡红细胞悬液的配制：取阿氏液保存不超过 5 天的红细胞，放入在锥形刻度离心管中，1 000 转/分钟离心 5 分钟，弃去上清液，准确观察刻度离心管中红细胞体积（毫升），加入 9 倍体积（毫升）的生理盐水，轻轻摇动，使生理盐水与红细胞混合均匀。

1％鸡红细胞悬液的配制：取混合均匀的 10％鸡红细胞悬液 1 毫升，加入 9 毫升生理盐水，混合均匀即可。

● 标准抗原、阳性对照血清和阴性对照血清。

可从哈尔滨兽医研究所国家禽流感参考实验室、中国动物卫生和流行病学中心等单位购买。

● 微量移液器及其使用方法

微量移液器是 HA-HI 试验必要的工具，需要妥善保护和按照说明书进行操作。微量移液器，特别是多孔道的微量移液器需要装紧质量较好的滴头，否则容易产生移液不准的错误（图 8-3）

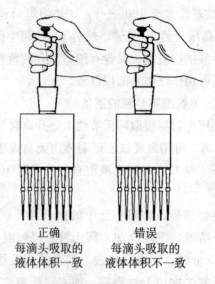

正确　　　　　　　　　错误
每滴头吸取的　　　　每滴头吸取的
液体体积一致　　　　液体体积不一致

图 8-3　微量移液器常见的一种操作错误

（三）血凝试验（HA）测定抗原效价

每一次用血凝抑制试验（HI 试验）测定血清抗体效价之前，需要用血凝实验（HA 试验）对标准抗原的血凝效价进行检测。步骤如下（图 8-4）：

1. 在微量反应板（一般采用 V 形底的血凝板）的第 1～12 孔，各加入 25 微升 PBS，换滴头。

2. 吸取 25 微升标准抗原加入第 1 孔，混匀。

3. 从第 1 孔吸取 25 微升病毒液加入第 2 孔，混匀后吸取 25 微升加入第 3 孔，如此进行倍比稀释至第 11 孔，从第 11 孔吸取 25 微升弃之。每稀释 3 排孔，换 1 次滴头。

4. 每孔再加入 25 微升 PBS。

5. 每孔均加入 25 微升 1% 鸡红细胞悬液（将此悬液充分摇匀后加入）。加样的顺序应该是先加第 12 孔（没有抗原的孔），最后加第 1 孔（抗原浓度最高）。

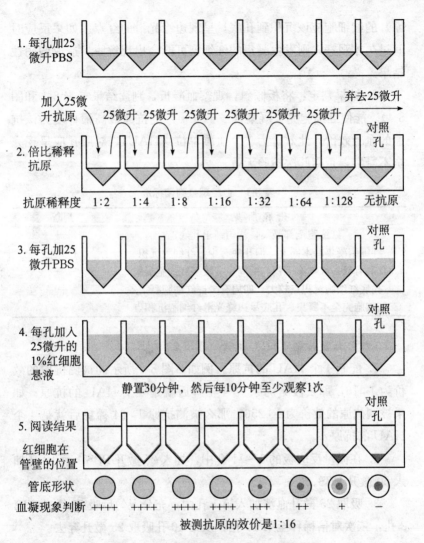

1. 每孔加25微升PBS

加入25微升抗原

25微升 25微升 25微升 25微升 25微升 25微升

弃去25微升

对照孔

2. 倍比稀释抗原

抗原稀释度 1:2 1:4 1:8 1:16 1:32 1:64 1:128 无抗原

对照孔

3. 每孔加25微升PBS

对照孔

4. 每孔加入25微升的1%红细胞悬液

静置30分钟，然后每10分钟至少观察1次

对照孔

5. 阅读结果

红细胞在管壁的位置

管底形状

血凝现象判断 ++++ ++++ ++++ ++++ +++ ++ + −

被测抗原的效价是1:16

图 8-4 血凝试验操作示意和结果判断

（因空间限制，此图用 8 孔代替 12 孔进行演示）

6. 振荡混匀，在室温（20~25℃）下静置40分钟后观察结果。如果环境温度太高，可置4℃环境下反应1小时。第12孔（没有抗

原）的红细胞应该沉积到孔底，呈现边缘光滑的红点。如果反应时间过久才观察，则发生凝集的红细胞可能会出现解脱，造成假阴性结果。

7. 结果判定：将板倾斜，观察血凝板，判读结果（表 8-1 和图 8-4）。能使红细胞完全凝集（＋＋＋＋）的抗原最高稀释度为该抗原的血凝效价，此效价为 1 个血凝单位（HAU）。对照孔应呈现完全不凝集，否则此次检验无效。

表 8-1　血凝现象判读标准

孔 底 所 见	判断
红细胞全部凝集，均匀铺于孔底	＋＋＋＋
红细胞凝集基本同上，但孔底有少量红细胞沉积	＋＋＋
孔底有较多红细胞沉积，四周也有较多红细胞凝集	＋＋
孔底红细胞沉积点较大，四周有少许红细胞凝集	＋
红细胞完全不凝集、孔底呈边缘光滑红细胞沉积点	－

（四）血凝抑制（HI）试验（图 8-5）

1. 配制 4 个 HAU 的抗原。例如，图 8-4 所示的被测抗原的效价为 1:16，那么被测抗原 1:4 稀释后就是 4 个 HAU 的抗原；如果被测抗原的效价为 1:256，那么被测抗原 1:64 稀释后就是 4 个 HAU 的抗原。

2. 在微量反应板的 1～11 孔中，加入 25 微升 PBS，第 12 孔加入 50 微升 PBS。

3. 吸取 25 微升血清加入第 1 孔内，充分混匀后吸 25 微升于第 2 孔，依次对倍稀释至第 10 孔，从第 10 孔吸取 25 微升弃去。

4. 第 1～11 孔均加入含 4 个 HAU 病毒抗原液 25 微升，室温（20～25℃）静置至少 30 分钟。

5. 每孔加入 25 微升体积分数为 1% 的鸡红细胞悬液混匀，轻轻混匀，静置约 40 分钟（若环境温度太高，可置 4℃ 条件下进行），对照孔血凝应呈现阴性（图 8-4）。

6. 结果判定：在对照孔成立的情况下以完全抑制 4 个 HAU 抗原凝集的血清最高稀释倍数作为血凝抑制效价（图 8-5）。

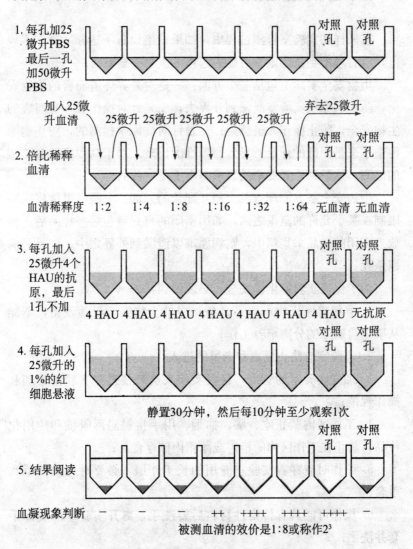

图 8-5　血凝抑制试验操作示意和结果判断

（因空间限制，此图用 8 孔代替 12 孔进行演示）

四、生物安全注意事项

在采样和实验室检测过程中，如果设施设备不达标，操作不规范，或管理不到位，则有可能引起重大生物安全事故。

生物安全实际上包括三个方面：一是对外界环境而言的生物安全，防止病原从实验室泄漏到外界去；二是针对操作者本身而言的生物安全，防止操作人员感染；三是针对病原学检测的，防止病原污染本来是阴性的样品，导致假阳性的出现。对于高致病性禽流感的监测，这三种生物安全的要求基本上是一致的。

生物安全基本原理有两个相互配合的方面：一是尽可能将病原限制在某个允许的范围之内，如用密闭的自封袋包装好样品后，再放入密闭的样品采集箱中，则病原难以泄漏到外界之中；二是将病原杀死。

为了保证实验室生物安全，必须做到：

1. 县级兽医机构一般不具备相应的生物安全设施设备，不能从事危险病原的分离培养工作；

2. 实验室应防止昆虫和老鼠的进入；

3. 加强实验室的管理，督促实验人员严格遵守实验室管理和操作规范；

4. 工作区内禁止吃、喝、抽烟、用手接触隐形眼镜和使用化妆品，禁止在工作区内的柜内或冰箱内储存食品；

5. 工作时应穿着实验室专用的长工作服，必要时应戴口罩和手套；

6. 操作可能具有传染性材料后要洗手，离开实验室前脱掉手套并洗手；

7. 制定对针头、刀片、碎玻璃等利器安全防范措施，防止皮肤损伤和感染；

8. 实验室应储备一定数量的消毒用碘酒、纱布等卫生防护用品；

9. 使用移液管吸取液体，禁止用嘴吸取；

10. 所有操作均须小心，以减少实验材料外溢、飞溅、产生气溶胶，万一有液体溅出时，要进行及时有效的消毒；

11. 每天完成试验后对工作台面进行消毒；

12. 所有的样品、培养物和废弃物都要用高压蒸汽灭菌器消毒后，方可弃去。

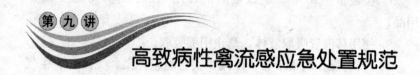

高致病性禽流感应急处置规范

一、临床可疑疫情应该如何处置？

对发病场（户）实施隔离、监控，禁止禽类、禽类产品及有关物品移动，并对其内、外环境实施严格的消毒措施（见本书第 49 页）。

二、疑似疫情应该如何处置？

当确认为疑似疫情时，扑杀疑似禽群（见本书第 49 页），对扑杀禽、病死禽及其产品进行无害化处理（见本书第 49 页），对其内、外环境实施严格的消毒措施，对污染物或可疑污染物进行无害化处理，对污染的场所和设施进行彻底消毒，限制发病场（户）周边 3 公里内的家禽及其产品移动。

三、确诊疫情应该如何处置？

疫情确诊后立即启动相应级别的应急预案。疫情处理的全过程必须有完整详实的记录，并作为档案保存。

（一）划定疫点、疫区、受威胁区

由所在地县级以上兽医行政管理部门划定疫点、疫区、受威胁区。

疫点：指患病动物所在的地点。一般是指患病禽类所在的禽场（户）或其他有关屠宰、经营单位；如为农村散养，应将自然村划为疫点。

疫区：一般而言，由疫点边缘向外延伸 3 公里的区域划为疫区，但是应注意考虑当地的饲养环境和天然屏障（如河流、山脉等），对疫区范围进行适当地缩小或扩大。

受威胁区：由疫区边缘向外延伸 5 公里的区域划为受威胁区。

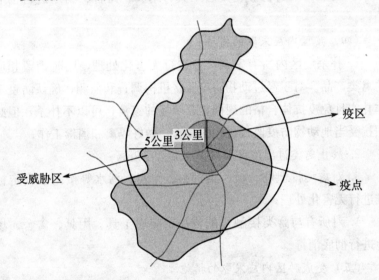

图 9-1　疫点、疫区和受威胁区的基本划分方法

（二）封锁

由县级以上兽医主管部门报请同级人民政府决定对疫区实行封锁；人民政府在接到封锁报告后，应在 24 小时内发布封锁令，对疫区进行封锁；在疫区周围设置警示标志，在出入疫区的交通路口设置动物检疫消毒站，对出入的车辆和有关物品进行消毒。必要时，经省级人民政府批准，可设立临时监督检查站，执行监督检查任务。

　　跨行政区域发生疫情的，由共同上一级兽医主管部门报请同级人民政府对疫区发布封锁令，对疫区进行封锁。

　　（三）疫点内应采取的措施

　　1. 扑杀所有的禽只，销毁所有病死禽、被扑杀禽及其禽类产品；

　　2. 对禽类排泄物、被污染饲料、垫料、污水等进行无害化处理；

　　3. 对被污染的物品、交通工具、用具、禽舍、场地进行彻底消毒。

　　（四）疫区内应采取的措施

　　1. 扑杀疫区内所有家禽，并进行无害化处理，同时销毁相应的禽类产品。对于经过动物防疫监督机构调查和监测，确认防疫工作扎实且免疫抗体合格的规模化养殖场的家禽，可以不扑杀，但必须接受当地动物防疫监督机构的监管，做好隔离和消毒工作；

　　2. 禁止禽类进出疫区及禽类产品运出疫区；

　　3. 对禽类排泄物、被污染饲料、垫料、污水等按国家规定标准进行无害化处理；

　　4. 对所有与禽类接触过的物品、交通工具、用具、禽舍、场地进行彻底消毒。

　　（五）受威胁区内应采取的措施

　　1. 对所有易感禽类进行紧急强制免疫，建立完整的免疫档案；

　　2. 对所有禽类实行疫情监测，掌握疫情动态。

　　（六）周边地区应采取的措施

　　关闭疫点及周边13公里范围内所有家禽及其产品交易市场。

　　（七）流行病学调查、疫源分析与追踪调查

　　追踪疫点内在发病期间及发病前21天内售出的所有家禽及其产品，并销毁处理。按照高致病性禽流感流行病学调查规范进行调查，并对疫情进行溯源和扩散风险分析（见本书第十二讲）。

（八）解除封锁

1. 解除封锁的条件：疫点、疫区内所有禽类及其产品按规定处理完毕 21 天以上，经监测，未发现新的传染源；在当地动物防疫监督机构的监督指导下，完成相关场所和物品终末消毒；受威胁区按规定完成免疫。

2. 解除封锁的程序：经上一级动物防疫监督机构审验合格，由当地兽医主管部门向原发布封锁令的人民政府申请发布解除封锁令，取消所采取的疫情处置措施。

3. 疫区解除封锁后的措施：要继续对该区域进行疫情监测，6个月后如未发现新病例，即可宣布该起疫情被扑灭。疫情宣布扑灭后方可重新养禽。

四、消毒规范

（一）设备和必需品

1. 清洗工具：扫帚、叉子、铲子、锹和冲洗用水管。

2. 消毒工具：喷雾器、火焰喷射枪、消毒车辆、消毒容器等。

3. 消毒剂：清洁剂、醛类、强碱、氯制剂类等合适的消毒剂。

4. 防护装备：防护服、口罩、胶靴、手套、护目镜等。

（二）消毒方法

1. 圈舍和场地的消毒：采用喷洒消毒液的方式进行消毒，消毒后对污物、粪便、饲料等进行清理；清理完毕再用消毒液以喷洒方式进行彻底消毒，消毒完毕后再进行清洗；不易冲洗的圈舍清除废弃物和表土，进行堆积发酵处理。

2. 金属设施设备的消毒：可采取火焰、熏蒸等方式消毒。

3. 木质工具及塑料用具的消毒：采取用消毒液浸泡消毒。

4. 衣服等消毒：采取浸泡或高温高压消毒。

5. 运载工具的消毒：在出入疫点、疫区的交通路口设立消毒站点,对所有可能被污染的运载工具应当严格消毒,消毒方法同场地消毒,但需要采用腐蚀性较小的消毒液;从相关车辆上清理下来的废弃物按无害化处理。

6. 污水沟、水塘的消毒:可投放生石灰或漂白粉。

7. 疫点和疫区的消毒:疫点每天消毒 1 次连续 1 周,1 周以后每两天消毒 1 次。疫区内疫点以外的区域每两天消毒 1 次。疫区内可能被污染的场所应进行喷洒消毒。

五、家禽扑杀方法

扑杀人员需要采取适当的防护措施(见本书第十四讲)。扑杀过程中,需要认真考虑如何防止因为扑杀工作而引起疫情的扩散。其中必须包括如何对扑杀所用的车辆进行消毒。

(一)窒息

先将待扑杀禽装入袋中,置入密封车或其他密封容器,通入二氧化碳窒息致死;或将禽装入密封袋中,通入二氧化碳窒息致死。

(二)扭颈

扑杀量较小时采用。根据禽的大小,一手握住头部,另一手握住体部,朝相反方向扭转拉伸。

(三)其他方法

可根据本地实际情况,采用其他能够避免病原扩散的扑杀方法。

六、无害化处理

所有病死禽、被扑杀禽及其产品、排泄物以及被污染或可能被污染的垫料、饲料和其他物品应当进行无害化处理。清洗所产生的污水、污物进行无害化处理。无害化处理可以选择深埋、焚烧或高温高压等方法，饲料、粪便可以发酵处理。

无害化处理应符合环保要求，所涉及的运输、装卸等环节应避免漏洒，运输装卸工具要彻底消毒。

（一）深埋

1. 选址应当避开公共视线，选择地表水位低、远离学校、公共场所、居民住宅区、动物饲养场、屠宰场及交易市场、村庄、饮用水源地、河流等的地域。位置和类型应当有利于防洪。

2. 坑的覆盖土层厚度应大于1.5米，坑底铺垫生石灰，覆盖土以前应再撒一层生石灰。

3. 禽类尸体置于坑中后，浇油焚烧，然后用土覆盖，与周围持平。填土不要太实，以免尸腐产气造成气泡冒出和液体渗漏。

4. 饲料、污染物等置于坑中，喷洒消毒剂后掩埋。

（二）工厂化处理

将所有病死牲畜、扑杀牲畜及其产品密封运输至无害化处理厂，统一实施无害化处理。

（三）堆肥发酵

饲料、粪便可在指定地点堆积，密封彻底发酵，表面应进行消毒。可以采取以下操作方法：避开水源和洼地，在距离禽舍100～200米的地方，挖一个宽1.5～2.5米，深约20厘米的坑，从坑底两侧至中央有不大的倾斜度，长度视粪便量的多少而定。在坑底垫上少量干草，其上堆放欲消毒的禽粪，高度为1～1.5米，然后再在粪堆外围堆上10厘米厚的干草或干土，最后抹上10厘米厚的泥土，如此密封发酵2～4月，即可用作肥料。

（四）焚烧

可以采取以下操作方法：挖一个长2.5米、宽1.5米、深0.7米的焚尸坑，坑底放上木柴，在木柴上倒上煤油，病死禽尸体放上后再倒煤油，放木柴，最后点火，一直到禽尸体烧成黑炭样为止，焚烧后就地埋入坑内。

··········· 问题与讨论 ···········

9.1 高致病性禽流感的病禽禽舍、污染物及其环境应如何消毒？

9.2 哪些消毒剂能有效杀灭禽流感病毒？如何使用？

9.3 为什么要将高致病性禽流感疫点周围半径 3 公里范围内所有家禽扑杀？

9.4 为什么要将病死禽和扑杀的家禽进行无害化处理？

9.5 为什么要对高致病性禽流感疫区进行封锁？

9.6 解除封锁的时间是如何规定的？

9.7 扑灭一起疫情的标准是什么？

9.8 发生疫情地区的养殖户如何获得补偿？

9.9 发生高致病性禽流感的地区，农户应该如何配合政府做好工作？

9.10 发生高致病性禽流感可疑疫情后，养殖户可以自行处理吗？

第十讲

高致病性禽流感的监测

监测包括临床观察、实验室检测及流行病学调查。监测对象以家禽为主，必要时监测其他动物（如野禽、猪）。

一、高致病性禽流感的监测包括哪些内容？

1. 临床监测：养殖户、村级动物防疫员和其他人员，如果发现高致病性禽流感临床可疑疫情，应该及时报告当地兽医机构。

2. 血清学监测：对养禽场户、散养禽、交易市场、禽类屠宰厂（场）、异地调入的活禽，定期或不定期抽样检测血清抗体情况，以此判断群体的免疫水平。

3. 病原学监测：由国家或省级兽医人员开展病原学监测，县级兽医人员在采样上予以支持。对养禽场户每年要进行两次病原学监测，检测家禽群体中病原携带情况；散养禽、交易市场、禽类屠宰厂（场）、异地调入的活禽和禽产品不定期抽样检测病原的携带情况。

4. 对疫区和受威胁区的监测：对疫区、受威胁区的易感动物每天进行临床观察，连续1个月，病死禽送省级动物防疫监督机构实验室进行诊断，疑似样品送国家禽流感参考实验室进行病毒分离和鉴定；对疫区养猪场采集鼻腔拭子，疫区和受威胁区所有禽群采集气管拭子和泄殖腔拭子，在野生禽类活动或栖息地采集新鲜粪便或水样；每个采样点采集 20 份样品，用 RT-PCR 方法进行病原检测，发现疑似感染样品，送国家禽流感参考实验室确诊；疫区和受威胁区解除封锁前，采样检测 1 次，解除封锁后纳入正常监测范围。

二、监测结果如何处理？

县级动物防疫监督机构的监测结果以及可疑疫情，要及时报告给当地县人民政府和上一级动物防疫监督机构。发现病原学和非免疫血清学阳性禽，要按照《国家动物疫情报告管理办法》的有关规定立即报告，并将样品送国家禽流感参考实验室进行确诊，确诊阳性的，按有关规定处理。

····· 问题与讨论 ·····

10.1　监测活动中，样本和样品这两个概念有什么区别？

10.2　通常有哪些抽样方法？

高致病性禽流感检疫和监督

一、检疫种类

（一）产地检疫

饲养者在禽群及禽类产品离开产地前，必须向当地动物防疫监督机构报检。当地动物防疫监督机构接到报检后，必须及时到户、到场实施检疫。检疫合格的，出具检疫合格证明，并对运载工具进行消毒，出具消毒证明，对检疫不合格的按有关规定处理。

（二）屠宰检疫

动物防疫监督机构的检疫人员对屠宰的禽进行验证查物，合格后方可入厂（场）屠宰。宰后检疫合格的方可出厂，不合格的按有关规定处理。

（三）引种检疫

国内异地引入种禽、种蛋时，应当先到当地动物防疫监督机构办理检疫审批手续且检疫合格。引入的种禽必须隔离饲养 21 天以上，并由动物防疫监督机构进行检测，合格后方可混群饲养。

二、监督管理

1. 禽类和禽类产品凭检疫合格证运输、上市销售。动物防疫监督机构应加强流通环节的监督检查，严防疫情传播扩散。

2. 生产、运输、经营禽类及其产品的相关单位或个人应妥善保管好检疫证明，以备疫情溯源或追踪调查。

3. 生产、经营禽类及其产品的场所必须符合动物防疫条件，并取得《动物防疫合格证》。

4. 各地根据防控高致病性禽流感的需要，设立公路动物防疫监督检查站，对禽类及其产品进行监督检查，对运输工具进行消毒。

·········· 问题与讨论 ··········

11.1　从培训学员中，随机抽取 10 人，请他们谈谈在动物检疫和监督中遇到哪些问题。

11.2　检疫证明有哪些用途？

第十二讲

高致病性禽流感流行病学调查

一、初次调查

（一）什么是初次调查？

初次调查是指兽医技术人员在接到养禽场或养殖户报告可疑疫情后，对所报告的养禽场或养殖户进行的实地考察、询问有关人员、核实发病情况。

（二）初次调查的目的是什么？

初次调查主要目的是核实疫情，提出应急控制措施建议，为疫情确诊和后续调查奠定基础。

（三）初次调查有何要求？

动物防疫监督机构接到养禽场或养殖户报告可疑情况后，应立即指派 2 名以上兽医技术人员，携必要的采样用品，在 24 小时以内尽快赶赴现场，核实发病情况。

被派兽医技术人员至少 3 天内没有接触过高致病性禽流感病禽及其污染物，并要做好个人防护。

（四）初次调查需要调查哪些内容？

1. 调查发病禽场的基本状况、病史、症状以及环境状况四个方面，完成初次调查表调查内容。

2. 认真检查发病禽群状况，根据本书第七讲列出的标准，初步判断是否发生了高致病性禽流感可疑疫情。

3. 若不能排除高致病性禽流感疫情，调查人员应立即报告当地动物防疫监督机构，并建议提请市级或省级兽医人员做出进一步诊断，并应配合做好后续采样、诊断和疫情扑灭工作。

高致病性禽流感流行病学初次调查表

场/户主姓名：		电　话：	
场/户名称		邮　编：	
场/户地址			
场址地形环境描述			
发病期间天气状况	（温度、阴晴、旱涝、风向、风力等）		
场区防疫条件	□进场要洗澡更衣　　□进生产区要换胶靴 □场舍门口有消毒池　□供料道与出粪道分开		
污水排向	□附近河流　　□农田沟渠　　□附近村庄　　□野外湖区 □野外水塘　　□野外荒郊　　□其他		
禽主所述饲养情况：饲养品种、饲养数量、日龄情况			
禽主所述发病情况：包括发病起始日期、持续时间、每日病死禽数			
调查人员观察到的临床症状			
调查结论			
调查人员签字：	调查人电话：		调查日期：

4. 若不能排除高致病性禽流感疫情时，则画图标出发病的养殖场或养殖户周围 10 公里以内分布的养禽场、道路、河流、山岭、树林、人工屏障等，连同初次调查表一同报告当地动物防疫监督机构。

省级动物防疫监督机构接到怀疑疫情报告后，应立即派遣技术专家，配备必要的器械和用品，于 24 小时内赴现场，作进一步诊断和调查。县级兽医人员应当予以密切配合。

（五）发病率和流行率的计算

发病率和流行率是初次调查需要计算的重要数据。两者的计算方法以下面的例子说明。

一个养鸡场养了 3 000 只鸡。该养鸡场新近发生了高致病性禽流感可疑疫情，第一只发病是在 2 月 5 日，到了 2 月 9 日，很多鸡出现严重症状，场主报告当地兽医部门。当地兽医部门立即到访，发现当天有 252 只鸡出现临床症状，并且从 2 月 5 日到 2 月 9 日，一共死了 326 只，有 40 只发病的鸡已经康复。现在一共有 2 322 只健康鸡，那么 3 月 6 日该场鸡的发病率和流行率分别是多少呢？

流行率＝参访时发病的动物总数÷参访时处于暴露状态的动物总数＝252÷（3 000－326）≈9.42%。

发病率＝从开始发病到参访前这段时间已经发病动物总数÷这段期间处于暴露状态的动物总数的平均数＝从开始发病到参访前这段时间已经发病动物总数÷从开始发病时处于暴露状态的动物总数与参访前处于暴露状态的动物总数的平均数＝（252＋326＋40）÷[（3 000＋3 000－252－326－40)/2]≈23.00%。

二、溯源调查

（一）溯源调查的目的是什么？

溯源调查的目的是分析疫情发生的原因，引起疫情的病毒来自何处，以便于全面控制疫情，了解防控工作中的薄弱环节，防止新的疫情发生。

（二）如何开展溯源调查？

从以下三个方面进行疫情的溯源调查：

1. 调查发病禽的日常饲养和卫生防疫情况，包括人员与车辆出入的限制、疫苗接种详细情况、饲养密度、地面卫生。

2. 调查发病禽所在位置的地理生态特征和最近的天气情况，包括周边的水沟、河流、稻田等地貌地形分布情况、交通运输情况、人口居住情况、野禽分布情况、家禽散养情况、禽产品流通情况。

3. 发病前21天内禽和禽产品引入情况，人员和车辆出入情况。如果有禽和禽产品引入，则调查其源头的疫情情况和运输过程，同批动物的去向和发病情况。

综合以上信息，分析疫情的来源和发生的原因。

三、追踪调查

（一）追踪调查的目的是什么？

追踪调查目的是分析疫情扩散的风险大小以及如何控制这种风险。

（二）追踪调查有何要求？包括哪些内容？

当地流行病学调查人员在省级或国家级动物流行病学专家指导下，应尽快开展追踪调查。

1. 调查出入发病养禽场或养殖户的有关工作人员和所有家禽、禽产品及有关物品的流动情况。

2. 对疫点、疫区的家禽、水禽、猪、留鸟、候鸟等动物的发病情况进行调查。

3. 联系因为发病场的人或物品进出而受到威胁的地区的兽医

机构，调查这些受到威胁地区的家禽发病情况。

4. 完成追踪调查表。

高致病性禽流感追踪调查表

1. 养禽场被隔离控制的日期＿＿＿＿＿＿＿＿。

2. 在发病养禽场或养殖户出现第1个病例前21天至该场被控制期间出场的有关人员（A）、动物/产品/排泄废弃物（B），运输工具/物品/饲料/原料（C）、其他（D），请标出＿＿＿＿＿＿＿＿。

出场日期	出场人/物 （A/B/C/D）	运输工具	人/承运人 姓名/电话	目的地 和电话

3. 在发病养禽场或养殖户出现第1个病例前21天至该场被隔离控制期间，该场是否有家禽、车辆和人员进出家禽集散地？（家禽集散地包括展览场所、农贸市场、动物产品仓库、拍卖市场、动物园等。如有，请填写下表。

出入日期	出场人或物	运输工具	人/承运人姓名/电话	家禽集散地名称	与养殖场的距离

4. 列举在发病养禽场或养殖户出现第 1 个病例前 21 天至该场被隔离控制期间，出场的工作人员（如送料员、雌雄鉴别人员、销售人员、兽医等）内接触过的所有养禽场或养殖户，通知被访场户做好疫病防范工作。

人员姓名	出场日期	访问日期	目的地和电话

人感染高致病性禽流感应急处置

一、启动应急预案

一旦人间发生高致病性禽流感疫情后，按《农业部门应对人间发生高致病性禽流感疫情应急预案》规定，农业部门启动预案；当地县级以上地方人民政府兽医行政管理部门在配合做好人禽流感防控工作同时，按照国家规定，启动相应级别的应急响应。根据疫情性质和特点，及时分析疫情的发展趋势，提出维持、撤销、降级或升级预警和响应级别。

二、调查和监测

1. 协助卫生部门，开展对人病例的流行病学和临床特征调查，并了解最近是否接触病死家禽、野鸟和境外旅游等活动史，及时查找病源，排查疫情。

2. 组织当地动物防疫监督机构，对人病例所在县的家禽和猪加大监测范围和比例，对当地养殖户逐户排查，对人病例所在地3公里范围及其近期活动区域的禽类进行紧急监测，同时，采集野禽粪便、池塘污水等样本，及时了解家禽和野禽感染带毒和环境病毒污染情况。

三、预警

组织农业、卫生等部门专家共同研究，对人病例所在县的高致病性禽流感疫情进行评估，提出疫情形势分析和评估报告，预测疫情发展态势，拟定相应对策，及时向社会发布高致病性禽流感疫情预警。

关于禽流感可能导致人流感大流行的预警，请参见附录8。

四、应急处置

1. 在调查监测过程中，发现高致病性禽流感或疑似高致病性禽流感疫情的，立即按照《国家突发重大动物疫情应急预案》和《全国高致病性禽流感应急预案》规定，及时扑灭疫情。

2. 未发现高致病性禽流感或疑似高致病性禽流感疫情的，对人病例所在地周围8公里范围内的家禽进行紧急免疫和消毒。

3. 加强对病人所在县的禽类及其产品检疫监管。

4. 加强对兽医人员及相关人员的自身防护。

五、部门沟通和协作

1. 利用农业、卫生部门重大人畜共患病信息和交流合作机制，及时互通疫情监测信息通报，加强沟通，共享信息资源。

2. 农业部门协助卫生部门加强对家禽养殖场饲养、扑杀（屠宰）人员等高风险人员的检测和医学观察。

六、如果高致病性禽流感在人间发生传播，应该如何应对?

农业部门在当地政府的统一领导下，在国家和省级专家组指导下，按照有关法律、法规、预案的要求，开展相应调查、监测、消毒工作。

七、流行病学调查

一旦人间发生高致病性禽流感疫情，当地卫生部门应该按照附录9所列的方案开展相应的调查，其中动物疫情的调查应委托当地畜牧兽医部门完成。

如何防范人感染高致病性禽流感

一、为什么要防范人感染高致病性禽流感病毒？

近年来，人与动物的疫情显示，人类接触感染高致病性禽流感病毒的家禽或其污染的物品后，有可能感染这个病毒。虽然这种可能性很小，但是一旦人感染高致病性禽流感病毒后，可能会出现严重的症状，甚至死亡。因此，对于密切接触高致病性禽流感病毒感染或可能感染的禽鸟或其污染的物品的人员，需要采取适当防护措施。这些人员包括诊断、采样、扑杀禽鸟的人员，也包括监测、调查、无害化处理禽鸟及其污染物和清洗消毒的工作人员以及饲养、屠宰和加工的人员。

二、人是怎样感染高致病性禽流感病毒？

防止人感染高致病性禽流感病毒，首先要了解人是如何感染高致病性禽流感病毒。高致病性禽流感病毒可通过消化道和呼吸道进入人体传染给人。人类直接接触染病的家禽及其粪便可以被感染，通过飞沫及接触呼吸道分泌物也是传播途径。如果直接接触带有相当数量病毒的物品，如家禽的粪便、羽毛、呼吸道分泌物、血液等，也可经过眼结膜和破损皮肤引起感染。

到目前为止，只有极少数人对此禽类的病毒敏感，而人与人之间传播的案例更为少见。

有项调查表明，接触病死禽、邻居家有病死禽、去有活禽的农贸市场、接触活禽后不及时洗手、身体虚弱（含孕妇）等，可能是人感染禽流感病毒的危险因素。

三、人感染高致病性禽流感病毒后会出现哪些症状？

人感染高致病性禽流感病毒后，起病很急，早期表现类似普通型流感。主要表现为发热，体温大多在 39℃以上，持续 1～7 天，一般为 3～4 天，可伴有流涕、鼻塞、咳嗽、咽痛、头痛、全身不适，部分患者可有恶心、腹痛、腹泻、稀水样便等消化道症状。除了上述表现之外，人感染高致病性禽流感重症患者还可出现肺炎、呼吸窘迫等表现，甚至可导致死亡。

四、防治人感染高致病性禽流感的关键是什么？

防治人感染高致病性禽流感关键要做到"四早"，指对疾病要早发现、早报告、早隔离、早治疗。

早发现：当自己或周围人出现发烧、咳嗽、呼吸急促、全身疼痛等症状时，应立即去医院就医。

早报告：发现人感染高致病性禽流感病例或类似病例，及时报告当地医疗机构和疾病预防控制机构。

早隔离：对人感染高致病性禽流感病例和疑似病例要及时隔离，对密切接触者要按照情况进行隔离或医学观察，以防止疫情扩散。

早治疗：确诊为人感染高致病性禽流感的患者，应积极开展救治，特别是对有其他慢性疾病的人要及早治疗，经过抗病毒药物治疗以及使用支持疗法和对症疗法，绝大部分病人可以康复出院。

五、如何防范人感染高致病性禽流感病毒?

(一)饲养人员

饲养人员与感染或可能感染的禽鸟及其粪便等污染物品接触前,或者在扑杀处理禽鸟和进行清洗消毒工作前,必须戴口罩、手套和护目镜,穿防护服和胶靴;应穿戴好防护物品。遵照上述方法,脱掉防护物品。

衣服须用70℃以上的热水浸泡5分钟或用消毒剂浸泡,然后再用肥皂水洗涤,于太阳下晾晒。胶靴和护目镜等要清洗消毒。处理完上述物品后要洗浴。

(二)诊断、采样、扑杀禽鸟、无害化处理禽鸟及其污染物和清洗消毒的人员

进入感染或可能感染场和无害化处理地点时,需要穿防护服、戴可消毒的橡胶手套、戴 N95 口罩或标准手术用口罩、戴护目镜、穿胶靴。

工作完毕后,在离开感染或可能感染场和无害化处理地点前,对场地及其设施进行彻底消毒,在场内或处理地的出口处脱掉防护装备,将脱掉的防护装备置于容器内进行消毒处理。胶靴和护目镜等要清洗消毒。对换衣区域进行消毒。人员用消毒水洗手,工作完毕要洗浴。

(三)到高致病性禽流感感染的或可能感染的养殖场(户)的人员

需要准备以下物品:口罩、手套、防护服、一次性帽子或头套、胶靴等。

进入感染或可能感染的场所,需要穿防护服、戴口罩(用过的口罩不得随意丢弃)、穿胶靴(用后要清洗消毒)、戴一次性手套或可消毒橡胶手套、戴好一次性帽子或头套。

离开感染或可能感染场时，脱个人防护装备时，污染物要装入塑料袋内，置于指定地点。最后脱掉手套后，手要洗涤消毒、工作完毕要洗浴，尤其是出入过有禽粪灰尘的场所。

（四）普通大众

（1）购买经过检疫合格的禽产品；

（2）不吃没有煮熟的禽产品，包括生鸡蛋、没有烤熟的鸡心、鸡肉等；

（3）不吃病死的家禽；

（4）菜刀、砧板、筷子等器具需要生熟分开；

（5）接触家禽后，要用肥皂洗手；

（6）在与家禽或禽产品接触后，特别是与病禽接触后，出现发热等症状，应当马上就医，并向医生说明你和家禽或禽产品的接触史。

中国疾病预防控制中心网站及时提供人预防禽流感最新信息，网址是 http：//www.pandemicflu.ac.cn。

六、健康监测

所有暴露于感染或可能感染禽和场的人员均应接受卫生部门监测。尤其要密切关注采样、扑杀处理禽鸟和清洗消毒的工作人员和饲养人员的健康状况。

出现呼吸道感染症状的人员应尽快接受卫生部门检查；出现呼吸道感染症状人员的家人也应接受健康监测。

免疫功能低下、60 岁以上和有慢性心脏和肺脏疾病的人员要避免从事与禽接触的工作。

问题与讨论

14.1　吃鸡肉、鸡蛋、鸭血粉丝汤、涮鸭肠火锅，会感染高致病性禽流感吗？

14.2　普通市民去活禽市场有没有感染高致病性禽流感的危险？

14.3　如果和高致病性禽流感病禽有过接触应该怎么办？

第十五讲
人流感大流行基础知识

一、什么是人流感大流行？

人流感大流行是指全球范围的人流感大暴发。

2009 年，北美猪流感病毒引发了人流感大流行。这是人类观察得最为细致的一次人流感大流行。前三次人流感大流行发生在 20 世纪。它们分别是 1918 年的"西班牙流感"、1957 年的"亚洲流感"和 1968 年的"香港流感"。1918 年的人流感大流行造成全球数千万人死亡（大多数死于继发的细菌感染）。其后的人流感大流行要轻得多，1957 年的人流感大流行死亡人数估计为 200 万，1968 年人流感大流行死亡人数估计为 100 万。2009 年的人流感大流行的病死率估计与人季节性流感的病死率差不多，甚至比人季节性流感的病死率还要低一些。

上述几次人流感大流行的数据提示，一旦发生人流感大流行，世界上每个人都有感染流感的危险。我们可以通过关闭边境、限制旅行、隔离病例等措施，延缓但是无法完全阻断流感病例的传入和疫情扩散。20 世纪人流感大流行在全球的扩散需要 6～9 个月。鉴于当今国际航空旅行的速度和运载量，流感大流行在全球的传播将更加迅速。2009 年的数据表明，人流感大流行的病毒可以在 3 个月内，就传播至五大洲。

流感大流行时，各国用于救治流感的疫苗和抗病毒药物可能会发生严重不足，同时会出现大量的人员死亡，社会生产、贸易、旅游、教育等方面秩序将遭受严重破坏，因此它对经济和社会破坏巨大，每一个国家都必须有所准备。

二、什么样的流感病毒可能会引发人流感大流行？

引起人流感大流行性的流感病毒有一个最为显著的特征，即该病毒与过去十几年内或几十年内人群中流行的流感病毒在 HA 基因上差异显著。例如，1957 年以前的几十年中，人群中流行的流感病毒是 H1N1 亚型流感病毒，而 1957 年引发人流感大流行的流感病毒是 H2N2 亚型的流感病毒（它在 1957 年以前的几十年内，没有在人群中流行）。再如，2009 年引发人类流感大流行的 H1N1 亚型流感病毒虽然和以往在人群中流行了数十年的 H1N1 亚型人流感病毒，在 HA 和 NA 亚型上是一致的，但是它的 HA 基因和 NA 基因，与以往在人群中流行了数十年的 H1N1 亚型人流感病毒对应的基因都有显著差异。2009 年引发人类流感大流行的 H1N1 亚型流感病毒的 HA 基因和 NA 基因都来自猪 H1N1 亚型流感病毒。

由于引起人流感大流行性的流感病毒与过去十几年内人群中流行的流感病毒在 HA 基因上差异显著，人类对引起人流感大流行性的流感病毒普遍缺乏特异性免疫力。因此，人类对引起人流感大流行性的流感病毒普遍易感。

引起人流感大流行性的流感病毒在人群中长期流行后，就变成了普通的人流感病毒。此外，发生人流感大流行后，原有的人流感病毒有可能会从自然界中消失。例如，1957 年发生 H2N2 亚型人流感大流行后，原有的 H1N1 亚型人流感病毒消失了。1968 年发生 H3N2 亚型人流感大流行后，原有的 H2N2 亚型人流感病毒消失了。其原因可能是人流感大流行使得人类普遍获得对各种流感病毒都有预防作用的交叉免疫力，使得原有的人流感病毒难以在人群中生存下去。

三、人大流行流感病毒是如何产生的？

引起人流感大流行性的流感病毒通常来自动物流感病毒。值得关注的是，现代生物技术的发展使得人类可以人为地制造出人流感大流行毒株。

1957年引发人流感大流行的H2N2亚型流感病毒的HA、PB1和NA基因可以追溯到禽流感病毒，其余基因皆来源于当时循环于人类中的人H1N1亚型流感病毒。1968年引发人流感大流行的H2N2亚型流感病毒的PB1和HA基因可以追溯到禽流感病毒，其他基因来源于人H2N2病毒。2009年引发人流感大流行的H1N1亚型流感病毒的NA和MP基因可以追溯到一个谱系的猪流感病毒（这个谱系以前仅发现于亚洲和欧洲猪群），而HA、NP等其余6个基因可以追溯到另一个谱系的猪流感病毒（这个谱系的基因组有来自人流感病毒、猪流感病毒和禽流感病毒的基因）。

由上述三个例子可以看出，引发人流感大流行的流感病毒几乎都是两个流感病毒基因重新组合的产物。这样的基因重新组合在禽群中和猪群中并不少见，但是通常都是禽流感病毒和禽流感病毒，或者是猪流感病毒和猪流感病毒的基因重新组合，很少发生来自两种不同宿主的流感病毒重新组合。在总体数量较多的畜禽中，只有猪既能够感染猪流感病毒，又能够感染禽流感病毒、人流感病毒、马流感病毒，因此猪在人流感大流行毒株的产生过程中，能够扮演"混合器"和"孵化器"的作用。

目前，世界正处于新一次的人流感大流行之中。此外，专家们估计H5N1亚型禽流感病毒、H9N2亚型禽流感病毒、H2N2亚型人流感病毒都可能在不远的将来引发新一轮的人流感大流行。人们还担心目前正在人群中流行的新的甲型H1N1流感病毒进入猪群后，与猪群中 H5N1 亚型禽流感病毒或 H9N2 亚型禽流感病毒进行基因重新组合，再返回到人类，引起死亡率较高的人流感大流行。

四、2009 年人流感大流行情况简介

2009 年 4 月中旬，美国疾病预防控制中心发现加州和德克萨斯州各有 1 名儿童感染了 H1N1 亚型猪流感病毒，并且这个猪流感病毒的基因来自两个谱系的猪流感病毒。其后不久，美国和加拿大发现墨西哥人群中，在此之前流行了至少一个多月的"流感样"疫情，实际上也是这个猪流感病毒引起。2009 年 4 月中旬到 6 月上旬，此病毒随着国际航空旅行传播到世界 100 多个国家，包括我国。

人感染这种流感后，出现的症状与普通人流感相似，包括发热、咳嗽、喉咙痛、身体疼痛、头痛、发冷和疲劳等，有些还会出现腹泻和呕吐，重者会继发肺炎和呼吸衰竭，甚至死亡。从总体来看，只有极少数人出现严重症状，大多数感染者症状比较轻微，甚至没有症状。

五、个人和家庭如何应对流感大流行

（一）保持消息灵通
密切关注相关信息，但不要相信谣言。可以从以下渠道获得可靠的消息：

收听当地和全国广播电台，收看电视新闻报道，阅读报纸，或浏览国内外有关流感信息的官方网站。

拨打中国疾病预防控制中心或当地疾病预防控制中心的热线电话或浏览咨询网站（如全国公共卫生公益热线电话 12320，网址：www.12320.gov.cn）。

咨询当地疾病预防控制机构或医疗机构的专业人员。

（二）注意卫生

经常用肥皂和清水洗手；

咳嗽或打喷嚏时，用纸巾遮住口鼻；

将用过的纸巾丢弃在垃圾桶里；

如果身边没有纸巾，咳嗽或打喷嚏时请用上臂衣袖遮掩；

咳嗽或打喷嚏后要立刻洗手，洗手使用肥皂和清水或免水酒精洗手液；

保持良好的卫生习惯；

生病时应咨询医生或在家静养；

饮食结构要均衡；

坚持锻炼，保持充分的休息。

（三）避免外出

与单位领导商议，如何继续开展工作，是否可以在家中办公，还是休假。

如果因无法工作或单位停产停业，应考虑收入如何应对收入减少的情况。

与学校老师保持联络，是否需要停课，计划一下如何安排孩子在家的学习计划和娱乐活动，保护好孩子的健康安全。

（四）准备好相应的物资

在流感大流行期间，去超市购物可能比较困难，市场货源有可能出现紧张，公共供水服务也可能中断。所以请提前适当地储存水和食物。储存的食物优选不易变质的且不需要冷藏的，可以存放较长时间，以及不需要烹调就可以食用的。

准备好相应的防护消毒用品和药物。

（五）对社会秩序混乱做好准备

流感大流行期间，一些社会基础服务可能会陷入混乱甚至停滞状态，如医疗服务、公共交通、银行、商店、饭店、邮局、政府机构。所以，您要及时做好计划和准备。

（六）参与单位和社区的互助工作

如果您是单位的管理者，考虑一下您的员工会需要哪些信息，例如医疗保险、休假和病假政策、在家中工作、收入问题。

帮助老人或其他可能需要帮助的人。

第十六讲

案例演习

　　某地有一养鸭户，叫王明至，养了 15 000 多只蛋鸭。长期拒绝接受当地兽医部门的管理，禁止任何人进入其养殖场所，也不使用当地政府免费发放的高致病性禽流感疫苗。

　　最近，王明至所养的鸭开始发病，平均每天死亡 100～400 只。持续死亡了 3 天后，王明至提着两只死鸭，到当地镇兽医站进行诊断。该站工作人员因为王明至以往不配合当地的兽医部门的管理，就没有理会他。王明至鸭场的病情又持续 2 天，一共已经死亡约 2 000 只鸭，于是王明至又提着两只死鸭到当地县农业局，声称其鸭场发生了高致病性禽流感，已经死亡了 12 000 只鸭，要求当地政府采取相应的措施，并赔偿其损失。

　　请问，该县级兽医行政主管部门应当如何处理这件事情？如果该起疫情最终被确定为高致病性禽流感，那么该县的兽医技术人员、镇兽医人员和村防疫员在确诊前和确诊后，分别需要开展哪些工作？如何开展这些工作？

全国人大 2007 年修订的《中华人民共和国动物防疫法》

（一）总则

第一条 为了加强对动物防疫活动的管理，预防、控制和扑灭动物疫病，促进养殖业发展，保护人体健康，维护公共卫生安全，制定本法。

第二条 本法适用于在中华人民共和国领域内的动物防疫及其监督管理活动。

进出境动物、动物产品的检疫，适用《中华人民共和国进出境动植物检疫法》。

第三条 本法所称动物，是指家畜家禽和人工饲养、合法捕获的其他动物。

本法所称动物产品，是指动物的肉、生皮、原毛、绒、脏器、脂、血液、精液、卵、胚胎、骨、蹄、头、角、筋以及可能传播动物疫病的奶、蛋等。

本法所称动物疫病，是指动物传染病、寄生虫病。

本法所称动物防疫，是指动物疫病的预防、控制、扑灭和动物、动物产品的检疫。

第四条 根据动物疫病对养殖业生产和人体健康的危害程度，本法规定管理的动物疫病分为下列三类：

（一）一类疫病，是指对人与动物危害严重，需要采取紧急、严厉的强制预防、控制、扑灭等措施的；

（二）二类疫病，是指可能造成重大经济损失，需要采取严格控制、扑灭等措施，防止扩散的；

（三）三类疫病，是指常见多发、可能造成重大经济损失，需要控制和净化的。

前款一、二、三类动物疫病具体病种名录由国务院兽医主管部门制定并公布。

第五条 国家对动物疫病实行预防为主的方针。

第六条 县级以上人民政府应当加强对动物防疫工作的统一领导，加强基层动物防疫队伍建设，建立健全动物防疫体系，制定并组织实施动物疫病防治规划。

乡级人民政府、城市街道办事处应当组织群众协助做好本管辖区域内的动物疫病预防与控制工作。

第七条　国务院兽医主管部门主管全国的动物防疫工作。

县级以上地方人民政府兽医主管部门主管本行政区域内的动物防疫工作。

县级以上人民政府其他部门在各自的职责范围内做好动物防疫工作。

军队和武装警察部队动物卫生监督职能部门分别负责军队和武装警察部队现役动物及饲养自用动物的防疫工作。

第八条　县级以上地方人民政府设立的动物卫生监督机构依照本法规定，负责动物、动物产品的检疫工作和其他有关动物防疫的监督管理执法工作。

第九条　县级以上人民政府按照国务院的规定，根据统筹规划、合理布局、综合设置的原则建立动物疫病预防控制机构，承担动物疫病的监测、检测、诊断、流行病学调查、疫情报告以及其他预防、控制等技术工作。

第十条　国家支持和鼓励开展动物疫病的科学研究以及国际合作与交流，推广先进适用的科学研究成果，普及动物防疫科学知识，提高动物疫病防治的科学技术水平。

第十一条　对在动物防疫工作、动物防疫科学研究中做出成绩和贡献的单位和个人，各级人民政府及有关部门给予奖励。

（二）动物疫病的预防

第十二条　国务院兽医主管部门对动物疫病状况进行风险评估，根据评估结果制定相应的动物疫病预防、控制措施。

国务院兽医主管部门根据国内外动物疫情和保护养殖业生产及人体健康的需要，及时制定并公布动物疫病预防、控制技术规范。

第十三条　国家对严重危害养殖业生产和人体健康的动物疫病实施强制免疫。国务院兽医主管部门确定强制免疫的动物疫病病种和区域，并会同国务院有关部门制定国家动物疫病强制免疫计划。

省、自治区、直辖市人民政府兽医主管部门根据国家动物疫病强制免疫计划，制订本行政区域的强制免疫计划；并可以根据本行政区域内动物疫病流行情况增加实施强制免疫的动物疫病病种和区域，报本级人民政府批准后执行，并报国务院兽医主管部门备案。

第十四条 县级以上地方人民政府兽医主管部门组织实施动物疫病强制免疫计划。乡级人民政府、城市街道办事处应当组织本管辖区域内饲养动物的单位和个人做好强制免疫工作。

饲养动物的单位和个人应当依法履行动物疫病强制免疫义务，按照兽医主管部门的要求做好强制免疫工作。

经强制免疫的动物，应当按照国务院兽医主管部门的规定建立免疫档案，加施畜禽标识，实施可追溯管理。

第十五条 县级以上人民政府应当建立健全动物疫情监测网络，加强动物疫情监测。

国务院兽医主管部门应当制定国家动物疫病监测计划。省、自治区、直辖市人民政府兽医主管部门应当根据国家动物疫病监测计划，制定本行政区域的动物疫病监测计划。

动物疫病预防控制机构应当按照国务院兽医主管部门的规定，对动物疫病的发生、流行等情况进行监测；从事动物饲养、屠宰、经营、隔离、运输以及动物产品生产、经营、加工、贮藏等活动的单位和个人不得拒绝或者阻碍。

第十六条 国务院兽医主管部门和省、自治区、直辖市人民政府兽医主管部门应当根据对动物疫病发生、流行趋势的预测，及时发出动物疫情预警。地方各级人民政府接到动物疫情预警后，应当采取相应的预防、控制措施。

第十七条 从事动物饲养、屠宰、经营、隔离、运输以及动物产品生产、经营、加工、贮藏等活动的单位和个人，应当依照本法和国务院兽医主管部门的规定，做好免疫、消毒等动物疫病预防工作。

第十八条 种用、乳用动物和宠物应当符合国务院兽医主管部门规定的健康标准。

种用、乳用动物应当接受动物疫病预防控制机构的定期检测；检测不合格的，应当按照国务院兽医主管部门的规定予以处理。

第十九条 动物饲养场（养殖小区）和隔离场所，动物屠宰加工场所，以及动物和动物产品无害化处理场所，应当符合下列动物防疫条件：

1. 场所的位置与居民生活区、生活饮用水源地、学校、医院等公共场所的距离符合国务院兽医主管部门规定的标准；

2. 生产区封闭隔离，工程设计和工艺流程符合动物防疫要求；

3. 有相应的污水、污物、病死动物、染疫动物产品的无害化处理设施设备和清洗消毒设施设备;

4. 有为其服务的动物防疫技术人员;

5. 有完善的动物防疫制度;

6. 具备国务院兽医主管部门规定的其他动物防疫条件。

第二十条　兴办动物饲养场(养殖小区)和隔离场所,动物屠宰加工场所,以及动物和动物产品无害化处理场所,应当向县级以上地方人民政府兽医主管部门提出申请,并附具相关材料。受理申请的兽医主管部门应当依照本法和《中华人民共和国行政许可法》的规定进行审查。经审查合格的,发给动物防疫条件合格证;不合格的,应当通知申请人并说明理由。需要办理工商登记的,申请人凭动物防疫条件合格证向工商行政管理部门申请办理登记注册手续。

动物防疫条件合格证应当载明申请人的名称、场(厂)址等事项。

经营动物、动物产品的集贸市场应当具备国务院兽医主管部门规定的动物防疫条件,并接受动物卫生监督机构的监督检查。

第二十一条　动物、动物产品的运载工具、垫料、包装物、容器等应当符合国务院兽医主管部门规定的动物防疫要求。

染疫动物及其排泄物、染疫动物产品,病死或者死因不明的动物尸体,运载工具中的动物排泄物以及垫料、包装物、容器等污染物,应当按照国务院兽医主管部门的规定处理,不得随意处置。

第二十二条　采集、保存、运输动物病料或者病原微生物以及从事病原微生物研究、教学、检测、诊断等活动,应当遵守国家有关病原微生物实验室管理的规定。

第二十三条　患有人畜共患传染病的人员不得直接从事动物诊疗以及易感染动物的饲养、屠宰、经营、隔离、运输等活动。

人畜共患传染病名录由国务院兽医主管部门会同国务院卫生主管部门制定并公布。

第二十四条　国家对动物疫病实行区域化管理,逐步建立无规定动物疫病区。无规定动物疫病区应当符合国务院兽医主管部门规定的标准,经国务院兽医主管部门验收合格予以公布。

本法所称无规定动物疫病区,是指具有天然屏障或者采取人工措施,在一定期限内没有发生规定的一种或者几种动物疫病，并经验收合格的区域。

第二十五条　禁止屠宰、经营、运输下列动物和生产、经营、加工、贮藏、运输下列动物产品：

1. 封锁疫区内与所发生动物疫病有关的；

2. 疫区内易感染的；

3. 依法应当检疫而未经检疫或者检疫不合格的；

4. 染疫或者疑似染疫的；

5. 病死或者死因不明的；

6. 其他不符合国务院兽医主管部门有关动物防疫规定的。

（三）动物疫情的报告、通报和公布

第二十六条　从事动物疫情监测、检验检疫、疫病研究与诊疗以及动物饲养、屠宰、经营、隔离、运输等活动的单位和个人，发现动物染疫或者疑似染疫的，应当立即向当地兽医主管部门、动物卫生监督机构或者动物疫病预防控制机构报告，并采取隔离等控制措施，防止动物疫情扩散。其他单位和个人发现动物染疫或者疑似染疫的，应当及时报告。

接到动物疫情报告的单位，应当及时采取必要的控制处理措施，并按照国家规定的程序上报。

第二十七条　动物疫情由县级以上人民政府兽医主管部门认定；其中重大动物疫情由省、自治区、直辖市人民政府兽医主管部门认定，必要时报国务院兽医主管部门认定。

第二十八条　国务院兽医主管部门应当及时向国务院有关部门和军队有关部门以及省、自治区、直辖市人民政府兽医主管部门通报重大动物疫情的发生和处理情况；发生人畜共患传染病的，县级以上人民政府兽医主管部门与同级卫生主管部门应当及时相互通报。

国务院兽医主管部门应当依照我国缔结或者参加的条约、协定，及时向有关国际组织或者贸易方通报重大动物疫情的发生和处理情况。

第二十九条　国务院兽医主管部门负责向社会及时公布全国动物疫情，也可以根据需要授权省、自治区、直辖市人民政府兽医主管部门公布本行政区域内的动物疫情。其他单位和个人不得发布动物疫情。

第三十条　任何单位和个人不得瞒报、谎报、迟报、漏报动物疫情，不

得授意他人瞒报、谎报、迟报动物疫情，不得阻碍他人报告动物疫情。

（四）动物疫病的控制和扑灭

第三十一条 发生一类动物疫病时，应当采取下列控制和扑灭措施：

1. 当地县级以上地方人民政府兽医主管部门应当立即派人到现场，划定疫点、疫区、受威胁区，调查疫源，及时报请本级人民政府对疫区实行封锁。疫区范围涉及两个以上行政区域的，由有关行政区域共同的上一级人民政府对疫区实行封锁，或者由各有关行政区域的上一级人民政府共同对疫区实行封锁。必要时，上级人民政府可以责成下级人民政府对疫区实行封锁。

2. 县级以上地方人民政府应当立即组织有关部门和单位采取封锁、隔离、扑杀、销毁、消毒、无害化处理、紧急免疫接种等强制性措施，迅速扑灭疫病。

3. 在封锁期间，禁止染疫、疑似染疫和易感染的动物、动物产品流出疫区，禁止非疫区的易感染动物进入疫区，并根据扑灭动物疫病的需要对出入疫区的人员、运输工具及有关物品采取消毒和其他限制性措施。

第三十二条 发生二类动物疫病时，应当采取下列控制和扑灭措施：

1. 当地县级以上地方人民政府兽医主管部门应当划定疫点、疫区、受威胁区。

2. 县级以上地方人民政府根据需要组织有关部门和单位采取隔离、扑杀、销毁、消毒、无害化处理、紧急免疫接种、限制易感染的动物和动物产品及有关物品出入等控制、扑灭措施。

第三十三条 疫点、疫区、受威胁区的撤销和疫区封锁的解除，按照国务院兽医主管部门规定的标准和程序评估后，由原决定机关决定并宣布。

第三十四条 发生三类动物疫病时，当地县级、乡级人民政府应当按照国务院兽医主管部门的规定组织防治和净化。

第三十五条 二、三类动物疫病呈暴发性流行时，按照一类动物疫病处理。

第三十六条 为控制、扑灭动物疫病，动物卫生监督机构应当派人在当地依法设立的现有检查站执行监督检查任务；必要时，经省、自治区、直辖市人民政府批准，可以设立临时性的动物卫生监督检查站，执行监督检查任务。

第三十七条 发生人畜共患传染病时，卫生主管部门应当组织对疫区易感染的人群进行监测，并采取相应的预防、控制措施。

第三十八条 疫区内有关单位和个人，应当遵守县级以上人民政府及其兽医主管部门依法作出的有关控制、扑灭动物疫病的规定。

任何单位和个人不得藏匿、转移、盗掘已被依法隔离、封存、处理的动物和动物产品。

第三十九条 发生动物疫情时，航空、铁路、公路、水路等运输部门应当优先组织运送控制、扑灭疫病的人员和有关物资。

第四十条 一、二、三类动物疫病突然发生，迅速传播，给养殖业生产安全造成严重威胁、危害，以及可能对公众身体健康与生命安全造成危害，构成重大动物疫情的，依照法律和国务院的规定采取应急处理措施。

（五）动物和动物产品的检疫

第四十一条 动物卫生监督机构依照本法和国务院兽医主管部门的规定对动物、动物产品实施检疫。

动物卫生监督机构的官方兽医具体实施动物、动物产品检疫。官方兽医应当具备规定的资格条件，取得国务院兽医主管部门颁发的资格证书，具体办法由国务院兽医主管部门会同国务院人事行政部门制定。

本法所称官方兽医，是指具备规定的资格条件并经兽医主管部门任命的，负责出具检疫等证明的国家兽医工作人员。

第四十二条 屠宰、出售或者运输动物以及出售或者运输动物产品前，货主应当按照国务院兽医主管部门的规定向当地动物卫生监督机构申报检疫。

动物卫生监督机构接到检疫申报后，应当及时指派官方兽医对动物、动物产品实施现场检疫；检疫合格的，出具检疫证明、加施检疫标志。实施现场检疫的官方兽医应当在检疫证明、检疫标志上签字或者盖章，并对检疫结论负责。

第四十三条 屠宰、经营、运输以及参加展览、演出和比赛的动物，应当附有检疫证明；经营和运输的动物产品，应当附有检疫证明、检疫标志。

对前款规定的动物、动物产品，动物卫生监督机构可以查验检疫证明、检疫标志，进行监督抽查，但不得重复检疫收费。

第四十四条 经铁路、公路、水路、航空运输动物和动物产品的，托运人托运时应当提供检疫证明；没有检疫证明的，承运人不得承运。

运载工具在装载前和卸载后应当及时清洗、消毒。

第四十五条　输入到无规定动物疫病区的动物、动物产品，货主应当按照国务院兽医主管部门的规定向无规定动物疫病区所在地动物卫生监督机构申报检疫，经检疫合格的，方可进入；检疫所需费用纳入无规定动物疫病区所在地地方人民政府财政预算。

第四十六条　跨省、自治区、直辖市引进乳用动物、种用动物及其精液、胚胎、种蛋的，应当向输入地省、自治区、直辖市动物卫生监督机构申请办理审批手续，并依照本法第四十二条的规定取得检疫证明。

跨省、自治区、直辖市引进的乳用动物、种用动物到达输入地后，货主应当按照国务院兽医主管部门的规定对引进的乳用动物、种用动物进行隔离观察。

第四十七条　人工捕获的可能传播动物疫病的野生动物，应当报经捕获地动物卫生监督机构检疫，经检疫合格的，方可饲养、经营和运输。

第四十八条　经检疫不合格的动物、动物产品，货主应当在动物卫生监督机构监督下按照国务院兽医主管部门的规定处理，处理费用由货主承担。

第四十九条　依法进行检疫需要收取费用的，其项目和标准由国务院财政部门、物价主管部门规定。

（六）动物诊疗

第五十条　从事动物诊疗活动的机构，应当具备下列条件：

1. 有与动物诊疗活动相适应并符合动物防疫条件的场所；

2. 有与动物诊疗活动相适应的执业兽医；

3. 有与动物诊疗活动相适应的兽医器械和设备；

4. 有完善的管理制度。

第五十一条　设立从事动物诊疗活动的机构，应当向县级以上地方人民政府兽医主管部门申请动物诊疗许可证。受理申请的兽医主管部门应当依照本法和《中华人民共和国行政许可法》的规定进行审查。经审查合格的，发给动物诊疗许可证；不合格的，应当通知申请人并说明理由。申请人凭动物诊疗许可证向工商行政管理部门申请办理登记注册手续，取得营业执照后，方可从事动物诊疗活动。

第五十二条 动物诊疗许可证应当载明诊疗机构名称、诊疗活动范围、从业地点和法定代表人（负责人）等事项。

动物诊疗许可证载明事项变更的，应当申请变更或者换发动物诊疗许可证，并依法办理工商变更登记手续。

第五十三条 动物诊疗机构应当按照国务院兽医主管部门的规定，做好诊疗活动中的卫生安全防护、消毒、隔离和诊疗废弃物处置等工作。

第五十四条 国家实行执业兽医资格考试制度。具有兽医相关专业大学专科以上学历的，可以申请参加执业兽医资格考试；考试合格的，由国务院兽医主管部门颁发执业兽医资格证书；从事动物诊疗的，还应当向当地县级人民政府兽医主管部门申请注册。执业兽医资格考试和注册办法由国务院兽医主管部门商国务院人事行政部门制定。

本法所称执业兽医，是指从事动物诊疗和动物保健等经营活动的兽医。

第五十五条 经注册的执业兽医，方可从事动物诊疗、开具兽药处方等活动。但是，本法第五十七条对乡村兽医服务人员另有规定的，从其规定。

执业兽医、乡村兽医服务人员应当按照当地人民政府或者兽医主管部门的要求，参加预防、控制和扑灭动物疫病的活动。

第五十六条 从事动物诊疗活动，应当遵守有关动物诊疗的操作技术规范，使用符合国家规定的兽药和兽医器械。

第五十七条 乡村兽医服务人员可以在乡村从事动物诊疗服务活动，具体管理办法由国务院兽医主管部门制定。

（七）监督管理

第五十八条 动物卫生监督机构依照本法规定，对动物饲养、屠宰、经营、隔离、运输以及动物产品生产、经营、加工、贮藏、运输等活动中的动物防疫实施监督管理。

第五十九条 动物卫生监督机构执行监督检查任务，可以采取下列措施，有关单位和个人不得拒绝或者阻碍：

1. 对动物、动物产品按照规定采样、留验、抽检；

2. 对染疫或者疑似染疫的动物、动物产品及相关物品进行隔离、查封、扣押和处理；

3. 对依法应当检疫而未经检疫的动物实施补检；

4. 对依法应当检疫而未经检疫的动物产品，具备补检条件的实施补检，不具备补检条件的予以没收销毁；

5. 查验检疫证明、检疫标志和畜禽标识；

6. 进入有关场所调查取证，查阅、复制与动物防疫有关的资料。

动物卫生监督机构根据动物疫病预防、控制需要，经当地县级以上地方人民政府批准，可以在车站、港口、机场等相关场所派驻官方兽医。

第六十条　官方兽医执行动物防疫监督检查任务，应当出示行政执法证件，佩戴统一标志。

动物卫生监督机构及其工作人员不得从事与动物防疫有关的经营性活动，进行监督检查不得收取任何费用。

第六十一条　禁止转让、伪造或者变造检疫证明、检疫标志或者畜禽标识。

检疫证明、检疫标志的管理办法，由国务院兽医主管部门制定。

（八）保障措施

第六十二条　县级以上人民政府应当将动物防疫纳入本级国民经济和社会发展规划及年度计划。

第六十三条　县级人民政府和乡级人民政府应当采取有效措施，加强村级防疫员队伍建设。

县级人民政府兽医主管部门可以根据动物防疫工作需要，向乡、镇或者特定区域派驻兽医机构。

第六十四条　县级以上人民政府按照本级政府职责，将动物疫病预防、控制、扑灭、检疫和监督管理所需经费纳入本级财政预算。

第六十五条　县级以上人民政府应当储备动物疫情应急处理工作所需的防疫物资。

第六十六条　对在动物疫病预防和控制、扑灭过程中强制扑杀的动物、销毁的动物产品和相关物品，县级以上人民政府应当给予补偿。具体补偿标准和办法由国务院财政部门会同有关部门制定。

因依法实施强制免疫造成动物应激死亡的，给予补偿。具体补偿标准和办法由国务院财政部门会同有关部门制定。

第六十七条　对从事动物疫病预防、检疫、监督检查、现场处理疫情以及在工作中接触动物疫病病原体的人员，有关单位应当按照国家规定采取有效的卫生防护措施和医疗保健措施。

（九）法律责任

第六十八条　地方各级人民政府及其工作人员未依照本法规定履行职责的，对直接负责的主管人员和其他直接责任人员依法给予处分。

第六十九条　县级以上人民政府兽医主管部门及其工作人员违反本法规定，有下列行为之一的，由本级人民政府责令改正，通报批评；对直接负责的主管人员和其他直接责任人员依法给予处分：

1. 未及时采取预防、控制、扑灭等措施的；

2. 对不符合条件的颁发动物防疫条件合格证、动物诊疗许可证，或者对符合条件的拒不颁发动物防疫条件合格证、动物诊疗许可证的；

3. 其他未依照本法规定履行职责的行为。

第七十条　动物卫生监督机构及其工作人员违反本法规定，有下列行为之一的，由本级人民政府或者兽医主管部门责令改正，通报批评；对直接负责的主管人员和其他直接责任人员依法给予处分：

1. 对未经现场检疫或者检疫不合格的动物、动物产品出具检疫证明、加施检疫标志，或者对检疫合格的动物、动物产品拒不出具检疫证明、加施检疫标志的；

2. 对附有检疫证明、检疫标志的动物、动物产品重复检疫的；

3. 从事与动物防疫有关的经营性活动，或者在国务院财政部门、物价主管部门规定外加收费用、重复收费的；

4. 其他未依照本法规定履行职责的行为。

第七十一条　动物疫病预防控制机构及其工作人员违反本法规定，有下列行为之一的，由本级人民政府或者兽医主管部门责令改正，通报批评；对直接负责的主管人员和其他直接责任人员依法给予处分：

1. 未履行动物疫病监测、检测职责或者伪造监测、检测结果的；

2. 发生动物疫情时未及时进行诊断、调查的；

3. 其他未依照本法规定履行职责的行为。

第七十二条　地方各级人民政府、有关部门及其工作人员瞒报、谎报、迟报、漏报或者授意他人瞒报、谎报、迟报动物疫情，或者阻碍他人报告动物疫情的，由上级人民政府或者有关部门责令改正，通报批评；对直接负责的主管人员和其他直接责任人员依法给予处分。

第七十三条　违反本法规定，有下列行为之一的，由动物卫生监督机构责令改正，给予警告；拒不改正的，由动物卫生监督机构代作处理，所需处理费用由违法行为人承担，可以处一千元以下罚款：

1. 对饲养的动物不按照动物疫病强制免疫计划进行免疫接种的；

2. 种用、乳用动物未经检测或者经检测不合格而不按照规定处理的；

3. 动物、动物产品的运载工具在装载前和卸载后没有及时清洗、消毒的。

第七十四条　违反本法规定，对经强制免疫的动物未按照国务院兽医主管部门规定建立免疫档案、加施畜禽标识的，依照《中华人民共和国畜牧法》的有关规定处罚。

第七十五条　违反本法规定，不按照国务院兽医主管部门规定处置染疫动物及其排泄物，染疫动物产品，病死或者死因不明的动物尸体，运载工具中的动物排泄物以及垫料、包装物、容器等污染物以及其他经检疫不合格的动物、动物产品的，由动物卫生监督机构责令无害化处理，所需处理费用由违法行为人承担，可以处三千元以下罚款。

第七十六条　违反本法第二十五条规定，屠宰、经营、运输动物或者生产、经营、加工、贮藏、运输动物产品的，由动物卫生监督机构责令改正、采取补救措施，没收违法所得和动物、动物产品，并处同类检疫合格动物、动物产品货值金额一倍以上五倍以下罚款；其中依法应当检疫而未检疫的，依照本法第七十八条的规定处罚。

第七十七条　违反本法规定，有下列行为之一的，由动物卫生监督机构责令改正，处一千元以上一万元以下罚款；情节严重的，处一万元以上十万元以下罚款：

1. 兴办动物饲养场（养殖小区）和隔离场所，动物屠宰加工场所，以及动物和动物产品无害化处理场所，未取得动物防疫条件合格证的；

2. 未办理审批手续，跨省、自治区、直辖市引进乳用动物、种用动物及其精液、胚胎、种蛋的；

3. 未经检疫，向无规定动物疫病区输入动物、动物产品的。

第七十八条　违反本法规定，屠宰、经营、运输的动物未附有检疫证明，经营和运输的动物产品未附有检疫证明、检疫标志的，由动物卫生监督机构责令改正，处同类检疫合格动物、动物产品货值金额百分之十以上百分之五十以下罚款；对货主以外的承运人处运输费用一倍以上三倍以下罚款。

违反本法规定，参加展览、演出和比赛的动物未附有检疫证明的，由动物卫生监督机构责令改正，处一千元以上三千元以下罚款。

第七十九条 违反本法规定，转让、伪造或者变造检疫证明、检疫标志或者畜禽标识的，由动物卫生监督机构没收违法所得，收缴检疫证明、检疫标志或者畜禽标识，并处三千元以上三万元以下罚款。

第八十条 违反本法规定，有下列行为之一的，由动物卫生监督机构责令改正，处一千元以上一万元以下罚款：

1. 不遵守县级以上人民政府及其兽医主管部门依法作出的有关控制、扑灭动物疫病规定的；

2. 藏匿、转移、盗掘已被依法隔离、封存、处理的动物和动物产品的；

3. 发布动物疫情的。

第八十一条 违反本法规定，未取得动物诊疗许可证从事动物诊疗活动的，由动物卫生监督机构责令停止诊疗活动，没收违法所得；违法所得在三万元以上的，并处违法所得一倍以上三倍以下罚款；没有违法所得或者违法所得不足三万元的，并处三千元以上三万元以下罚款。

动物诊疗机构违反本法规定，造成动物疫病扩散的，由动物卫生监督机构责令改正，处一万元以上五万元以下罚款；情节严重的，由发证机关吊销动物诊疗许可证。

第八十二条 违反本法规定，未经兽医执业注册从事动物诊疗活动的，由动物卫生监督机构责令停止动物诊疗活动，没收违法所得，并处一千元以上一万元以下罚款。

执业兽医有下列行为之一的，由动物卫生监督机构给予警告，责令暂停六个月以上一年以下动物诊疗活动；情节严重的，由发证机关吊销注册证书：

1. 违反有关动物诊疗的操作技术规范，造成或者可能造成动物疫病传播、流行的；

2. 使用不符合国家规定的兽药和兽医器械的；

3. 不按照当地人民政府或者兽医主管部门要求参加动物疫病预防、控制和扑灭活动的。

第八十三条 违反本法规定，从事动物疫病研究与诊疗和动物饲养、屠宰、经营、隔离、运输，以及动物产品生产、经营、加工、贮藏等活动的单位和个人，有下列行为之一的，由动物卫生监督机构责令改正；拒不改正的，对违法行为单位处一千元以上一万元以下罚款，对违法行为个人可以处五百元以下罚款：

1. 不履行动物疫情报告义务的；

2. 不如实提供与动物防疫活动有关资料的；

3. 拒绝动物卫生监督机构进行监督检查的；

4. 拒绝动物疫病预防控制机构进行动物疫病监测、检测的。

第八十四条　违反本法规定，构成犯罪的，依法追究刑事责任。

违反本法规定，导致动物疫病传播、流行等，给他人人身、财产造成损害的，依法承担民事责任。

国务院 2005 年 11 月颁布的《重大动物疫情应急条例》

第一章 总则

第一条 为了迅速控制、扑灭重大动物疫情，保障养殖业生产安全，保护公众身体健康与生命安全，维护正常的社会秩序，根据《中华人民共和国动物防疫法》，制定本条例。

第二条 本条例所称重大动物疫情；是指高致病性禽流感等发病率或者死亡率高的动物疫病突然发生，迅速传播，给养殖业生产安全造成严重威胁、危害，以及可能对公众身体健康与生命安全造成危害的情形，包括特别重大动物疫情。

第三条 重大动物疫情应急工作应当坚持加强领导、密切配合，依靠科学、依法防治、群防群控、果断处置的方针，及时发现，快速反应，严格处理，减少损失。

第四条 重大动物疫情应急工作按照属地管理的原则，实行政府统一领导、部门分工负责，逐级建立责任制。

县级以上人民政府兽医主管部门具体负责组织重大动物疫情的监测、调查、控制、扑灭等应急工作。

县级以上人民政府林业主管部门、兽医主管部门按照职责分工，加强对陆生野生动物疫源疫病的监测。

县级以上人民政府其他有关部门在各自的职责范围内，做好重大动物疫情的应急工作。

第五条 出入境检验检疫机关应当及时收集境外重大动物疫情信息，加强进出境动物及其产品的检验检疫工作，防止动物疫病传入和传出。兽医主管部门要及时向出入境检验检疫机关通报国内重大动物疫情。

第六条 国家鼓励、支持开展重大动物疫情监测、预防、应急处理等有关技术的科学研究和国际交流与合作。

第七条 县级以上人民政府应当对参加重大动物疫情应急处理的人员给予适当补助，对作出贡献的人员给予表彰和奖励。

第八条 对不履行或者不按照规定履行重大动物疫情应急处理职责的行

为，任何单位和个人有权检举控告。

第二章　应急准备

第九条　国务院兽医主管部门应当制定全国重大动物疫情应急预案，报国务院批准，并按照不同动物疫病病种及其流行特点和危害程度，分别制定实施方案，报国务院备案。

县级以上地方人民政府根据本地区的实际情况，制定本行政区域的重大动物疫情应急预案，报上一级人民政府兽医主管部门备案。县级以上地方人民政府兽医主管部门，应当按照不同动物疫病病种及其流行特点和危害程度，分别制定实施方案。

重大动物疫情应急预案及其实施方案应当根据疫情的发展变化和实施情况，及时修改、完善。

第十条　重大动物疫情应急预案主要包括下列内容：

（一）应急指挥部的职责、组成以及成员单位的分工；

（二）重大动物疫情的监测、信息收集、报告和通报；

（三）动物疫病的确认、重大动物疫情的分级和相应的应急处理工作方案；

（四）重大动物疫情疫源的追踪和流行病学调查分析；

（五）预防、控制、扑灭重大动物疫情所需资金的来源、物资和技术的储备与调度；

（六）重大动物疫情应急处理设施和专业队伍建设。

第十一条　国务院有关部门和县级以上地方人民政府及其有关部门，应当根据重大动物疫情应急预案的要求，确保应急处理所需的疫苗、药品、设施设备和防护用品等物资的储备。

第十二条　县级以上人民政府应当建立和完善重大动物疫情监测网络和预防控制体系，加强动物防疫基础设施和乡镇动物防疫组织建设，并保证其正常运行，提高对重大动物疫情的应急处理能力。

第十三条　县级以上地方人民政府根据重大动物疫情应急需要，可以成立应急预备队，在重大动物疫情应急指挥部的指挥下，具体承担疫情的控制和扑灭任务。

应急预备队由当地兽医行政管理人员、动物防疫工作人员、有关专家、执业兽医等组成；必要时，可以组织动员社会上有一定专业知识的人员参加。公安机关、中国人民武装警察部队应当依法协助其执行任务。

应急预备队应当定期进行技术培训和应急演练。

第十四条　县级以上人民政府及其兽医主管部门应当加强对重大动物疫情应急知识和重大动物疫病科普知识的宣传，增强全社会的重大动物疫情防范意识。

第三章　监测、报告和公布

第十五条　动物防疫监督机构负责重大动物疫情的监测，饲养、经营动物和生产、经营动物产品的单位和个人应当配合，不得拒绝和阻碍。

第十六条　从事动物隔离、疫情监测、疫病研究与诊疗、检验检疫以及动物饲养、屠宰加工、运输、经营等活动的有关单位和个人，发现动物出现群体发病或者死亡的，应当立即向所在地的县（市）动物防疫监督机构报告。

第十七条　县（市）动物防疫监督机构接到报告后，应当立即赶赴现场调查核实。初步认为属于重大动物疫情的，应当在2小时内将情况逐级报省、自治区、直辖市动物防疫监督机构，并同时报所在地人民政府兽医主管部门；兽医主管部门应当及时通报同级卫生主管部门。

省、自治区、直辖市动物防疫监督机构应当在接到报告后1小时内，向省、自治区、直辖市人民政府兽医主管部门和国务院兽医主管部门所属的动物防疫监督机构报告。

省、自治区、直辖市人民政府兽医主管部门应当在接到报告后1小时内报本级人民政府和国务院兽医主管部门。

重大动物疫情发生后，省、自治区、直辖市人民政府和国务院兽医主管部门应当在4小时内向国务院报告。

第十八条　重大动物疫情报告包括下列内容：

（一）疫情发生的时间、地点；

（二）染疫、疑似染疫动物种类和数量、同群动物数量、免疫情况、死亡数量、临床症状、病理变化、诊断情况；

（三）流行病学和疫源追踪情况；

（四）已采取的控制措施；

（五）疫情报告的单位、负责人、报告人及联系方式。

第十九条　重大动物疫情由省、自治区、直辖市人民政府兽医主管部门认定；必要时，由国务院兽医主管部门认定。

第二十条　重大动物疫情由国务院兽医主管部门按照国家规定的程序，及时准确公布；其他任何单位和个人不得公布重大动物疫情。

第二十一条　重大动物疫病应当由动物防疫监督机构采集病料，未经国务院兽医主管部门或者省、自治区、直辖市人民政府兽医主管部门批准，其他单位和个人不得擅自采集病料。

从事重大动物疫病病原分离的，应当遵守国家有关生物安全管理规定，防止病原扩散。

第二十二条　国务院兽医主管部门应当及时向国务院有关部门和军队有关部门以及各省、自治区、直辖市人民政府兽医主管部门通报重大动物疫情的发生和处理情况。

第二十三条　发生重大动物疫情可能感染人群时，卫生主管部门应当对疫区内易受感染的人群进行监测，并采取相应的预防、控制措施。卫生主管部门和兽医主管部门应当及时相互通报情况。

第二十四条　有关单位和个人对重大动物疫情不得瞒报、谎报、迟报，不得授意他人瞒报、谎报、迟报，不得阻碍他人报告。

第二十五条　在重大动物疫情报告期间，有关动物防疫监督机构应当立即采取临时隔离控制措施；必要时，当地县级以上地方人民政府可以作出封锁决定并采取扑杀、销毁等措施。有关单位和个人应当执行。

第四章　应急处理

第二十六条　重大动物疫情发生后，国务院和有关地方人民政府设立的重大动物疫情应急指挥部统一领导、指挥重大动物疫情应急工作。

第二十七条　重大动物疫情发生后，县级以上地方人民政府兽医主管部门应当立即划定疫点、疫区和受威胁区，调查疫源，向本级人民政府提出启动重大动物疫情应急指挥系统、应急预案和对疫区实行封锁的建议，有关人民政府应当立即作出决定。

疫点、疫区和受威胁区的范围应当按照不同动物疫病病种及其流行特点和危害程度划定，具体划定标准由国务院兽医主管部门制定。

第二十八条　国家对重大动物疫情应急处理实行分级管理，按照应急预案确定的疫情等级，由有关人民政府采取相应的应急控制措施。

第二十九条 对疫点应当采取下列措施：

（一）扑杀并销毁染疫动物和易感染的动物及其产品；

（二）对病死的动物、动物排泄物、被污染饲料、垫料、污水进行无害化处理；

（三）对被污染的物品、用具、动物圈舍、场地进行严格消毒。

第三十条 对疫区应当采取下列措施：

（一）在疫区周围设置警示标志，在出入疫区的交通路口设置临时动物检疫消毒站，对出入的人员和车辆进行消毒；

（二）扑杀并销毁染疫和疑似染疫动物及其同群动物，销毁染疫和疑似染疫的动物产品，对其他易感染的动物实行圈养或者在指定地点放养，役用动物限制在疫区内使役；

（三）对易感染的动物进行监测，并按照国务院兽医主管部门的规定实施紧急免疫接种，必要时对易感染的动物进行扑杀；

（四）关闭动物及动物产品交易市场，禁止动物进出疫区和动物产品运出疫区；

（五）对动物圈舍、动物排泄物、垫料、污水和其他可能受污染的物品、场地，进行消毒或者无害化处理。

第三十一条 对受威胁区应当采取下列措施：

（一）对易感染的动物进行监测；

（二）对易感染的动物根据需要实施紧急免疫接种。

第三十二条 重大动物疫情应急处理中设置临时动物检疫消毒站以及采取隔离、扑杀、销毁、消毒、紧急免疫接种等控制、扑灭措施的，由有关重大动物疫情应急指挥部决定，有关单位和个人必须服从；拒不服从的，由公安机关协助执行。

第三十三条 国家对疫区、受威胁区内易感染的动物免费实施紧急免疫接种；对因采取扑杀、销毁等措施给当事人造成的已经证实的损失，给予合理补偿。紧急免疫接种和补偿所需费用，由中央财政和地方财政分担。

第三十四条 重大动物疫情应急指挥部根据应急处理需要，有权紧急调集人员、物资、运输工具以及相关设施、设备。

单位和个人的物资、运输工具以及相关设施、设备被征集使用的，有关人民政府应当及时归还并给予合理补偿。

第三十五条　重大动物疫情发生后，县级以上人民政府兽医主管部门应当及时提出疫点、疫区、受威胁区的处理方案，加强疫情监测、流行病学调查、疫源追踪工作，对染疫和疑似染疫动物及其同群动物和其他易感染动物的扑杀、销毁进行技术指导，并组织实施检验检疫、消毒、无害化处理和紧急免疫接种。

第三十六条　重大动物疫情应急处理中，县级以上人民政府有关部门应当在各自的职责范围内，做好重大动物疫情应急所需的物资紧急调度和运输、应急经费安排、疫区群众救济、人的疫病防治、肉食品供应、动物及其产品市场监管、出入境检验检疫和社会治安维护等工作。

中国人民解放军、中国人民武装警察部队应当支持配合驻地人民政府做好重大动物疫情的应急工作。

第三十七条　重大动物疫情应急处理中，乡镇人民政府、村民委员会、居民委员会应当组织力量，向村民、居民宣传动物疫病防治的相关知识，协助做好疫情信息的收集、报告和各项应急处理措施的落实工作。

第三十八条　重大动物疫情发生地的人民政府和毗邻地区的人民政府应当通力合作，相互配合，做好重大动物疫情的控制、扑灭工作。

第三十九条　有关人民政府及其有关部门对参加重大动物疫情应急处理的人员，应当采取必要的卫生防护和技术指导等措施。

第四十条　自疫区内最后一头（只）发病动物及其同群动物处理完毕起，经过一个潜伏期以上的监测，未出现新的病例的，彻底消毒后，经上一级动物防疫监督机构验收合格，由原发布封锁令的人民政府宣布解除封锁，撤销疫区；由原批准机关撤销在该疫区设立的临时动物检疫消毒站。

第四十一条　县级以上人民政府应当将重大动物疫情确认、疫区封锁、扑杀及其补偿、消毒、无害化处理、疫源追踪、疫情监测以及应急物资储备等应急经费列入本级财政预算。

第五章　法律责任

第四十二条　违反本条例规定，兽医主管部门及其所属的动物防疫监督机构有下列行为之一的，由本级人民政府或者上级人民政府有关部门责令立即改正、通报批评、给予警告；对主要负责人、负有责任的主管人员和其他责任人员，依法给予记大过、降级、撤职直至开除的行政处分；构成犯罪的，依法追究刑事责任：

（一）不履行疫情报告职责，瞒报、谎报、迟报或者授意他人瞒报、谎报、迟报，阻碍他人报告重大动物疫情的；

（二）在重大动物疫情报告期间，不采取临时隔离控制措施，导致动物疫情扩散的；

（三）不及时划定疫点、疫区和受威胁区，不及时向本级人民政府提出应急处理建议，或者不按照规定对疫点、疫区和受威胁区采取预防、控制、扑灭措施的；

（四）不向本级人民政府提出启动应急指挥系统、应急预案和对疫区的封锁建议的；

（五）对动物扑杀、销毁不进行技术指导或者指导不力，或者不组织实施检验检疫、消毒、无害化处理和紧急免疫接种的；

（六）其他不履行本条例规定的职责，导致动物疫病传播、流行，或者对养殖业生产安全和公众身体健康与生命安全造成严重危害的。

第四十三条　违反本条例规定，县级以上人民政府有关部门不履行应急处理职责，不执行对疫点、疫区和受威胁区采取的措施，或者对上级人民政府有关部门的疫情调查不予配合或者阻碍、拒绝的，由本级人民政府或者上级人民政府有关部门责令立即改正、通报批评、给予警告；对主要负责人、负有责任的主管人员和其他责任人员，依法给予记大过、降级、撤职直至开除的行政处分；构成犯罪的，依法追究刑事责任。

第四十四条　违反本条例规定，有关地方人民政府阻碍报告重大动物疫情，不履行应急处理职责，不按照规定对疫点、疫区和受威胁区采取预防、控制、扑灭措施，或者对上级人民政府有关部门的疫情调查不予配合或者阻碍、拒绝的，由上级人民政府责令立即改正、通报批评、给予警告；对政府主要领导人依法给予记大过、降级、撤职直至开除的行政处分；构成犯罪的，依法追究刑事责任。

第四十五条　截留、挪用重大动物疫情应急经费，或者侵占、挪用应急储备物资的，按照《财政违法行为处罚处分条例》的规定处理；构成犯罪的，依法追究刑事责任。

第四十六条　违反本条例规定，拒绝、阻碍动物防疫监督机构进行重大动物疫情监测，或者发现动物出现群体发病或者死亡，不向当地动物防疫监督机构报告的，由动物防疫监督机构给予警告，并处 2 000 元以上 5 000 元以下的罚款；构成犯罪的，依法追究刑事责任。

第四十七条　违反本条例规定，擅自采集重大动物疫病病料，或者在重大动物疫病病原分离时不遵守国家有关生物安全管理规定的，由动物防疫监督机构给予警告，并处 5 000 元以下的罚款；构成犯罪的，依法追究刑事责任。

第四十八条　在重大动物疫情发生期间，哄抬物价、欺骗消费者，散布谣言、扰乱社会秩序和市场秩序的，由价格主管部门、工商行政管理部门或者公安机关依法给予行政处罚；构成犯罪的，依法追究刑事责任。

第六章　附则

第四十九条　本条例自公布之日起施行。

国务院 2006 年 2 月发布的《国家突发重大动物疫情应急预案》

1 总则

1.1 编制目的

及时、有效地预防、控制和扑灭突发重大动物疫情，最大程度地减轻突发重大动物疫情对畜牧业及公众健康造成的危害，保持经济持续稳定健康发展，保障人民身体健康安全。

1.2 编制依据

依据《中华人民共和国动物防疫法》、《中华人民共和国进出境动植物检疫法》和《国家突发公共事件总体应急预案》，制定本预案。

1.3 突发重大动物疫情分级

根据突发重大动物疫情的性质、危害程度、涉及范围，将突发重大动物疫情划分为特别重大（Ⅰ级）、重大（Ⅱ级）、较大（Ⅲ级）和一般（Ⅳ级）四级。

1.4 适用范围

本预案适用于突然发生，造成或者可能造成畜牧业生产严重损失和社会公众健康严重损害的重大动物疫情的应急处理工作。

1.5 工作原则

（1）统一领导，分级管理。各级人民政府统一领导和指挥突发重大动物疫情应急处理工作；疫情应急处理工作实行属地管理；地方各级人民政府负责扑灭本行政区域内的突发重大动物疫情，各有关部门按照预案规定，在各自的职责范围内做好疫情应急处理的有关工作。根据突发重大动物疫情的范围、性质和危害程度，对突发重大动物疫情实行分级管理。

（2）快速反应，高效运转。各级人民政府和兽医行政管理部门要依照有关法律、法规，建立和完善突发重大动物疫情应急体系、应急反应机制和应急处置制度，提高突发重大动物疫情应急处理能力；发生突发重大动物疫情时，各级人民政府要迅速作出反应，采取果断措施，及时控制和扑灭突发重大动物疫情。

（3）预防为主，群防群控。贯彻预防为主的方针，加强防疫知识的宣传，提高全社会防范突发重大动物疫情的意识；落实各项防范措施，做好人员、技术、物资和设备的应急储备工作，并根据需要定期开展技术培训和应急演练；开展疫情监测和预警预报，对各类可能引发突发重大动物疫情的情况要及时分析、预警，做到疫情早发现、快行动、严处理。突发重大动物疫情应急处理工作要依靠群众，全民防疫，动员一切资源，做到群防群控。

2　应急组织体系及职责

2.1　应急指挥机构

农业部在国务院统一领导下，负责组织、协调全国突发重大动物疫情应急处理工作。

县级以上地方人民政府兽医行政管理部门在本级人民政府统一领导下，负责组织、协调本行政区域内突发重大动物疫情应急处理工作。

国务院和县级以上地方人民政府根据本级人民政府兽医行政管理部门的建议和实际工作需要，决定是否成立全国和地方应急指挥部。

2.1.1　全国突发重大动物疫情应急指挥部的职责

国务院主管领导担任全国突发重大动物疫情应急指挥部总指挥，国务院办公厅负责同志、农业部部长担任副总指挥，全国突发重大动物疫情应急指挥部负责对特别重大突发动物疫情应急处理的统一领导、统一指挥，作出处理突发重大动物疫情的重大决策。指挥部成员单位根据突发重大动物疫情的性质和应急处理的需要确定。

指挥部下设办公室，设在农业部。负责按照指挥部要求，具体制定防治政策，部署扑灭重大动物疫情工作，并督促各地各有关部门按要求落实各项防治措施。

2.1.2　省级突发重大动物疫情应急指挥部的职责

省级突发重大动物疫情应急指挥部由省级人民政府有关部门组成，省级人民政府主管领导担任总指挥。省级突发重大动物疫情应急指挥部统一负责对本行政区域内突发重大动物疫情应急处理的指挥，作出处理本行政区域内突发重大动物疫情的决策，决定要采取的措施。

2.2　日常管理机构

农业部负责全国突发重大动物疫情应急处理的日常管理工作。

省级人民政府兽医行政管理部门负责本行政区域内突发重大动物疫情应

急的协调、管理工作。

市（地）级、县级人民政府兽医行政管理部门负责本行政区域内突发重大动物疫情应急处置的日常管理工作。

2.3 专家委员会

农业部和省级人民政府兽医行政管理部门组建突发重大动物疫情专家委员会。

市（地）级和县级人民政府兽医行政管理部门可根据需要，组建突发重大动物疫情应急处理专家委员会。

2.4 应急处理机构

2.4.1 动物防疫监督机构：主要负责突发重大动物疫情报告，现场流行病学调查，开展现场临床诊断和实验室检测，加强疫病监测，对封锁、隔离、紧急免疫、扑杀、无害化处理、消毒等措施的实施进行指导、落实和监督。

2.4.2 出入境检验检疫机构：负责加强对出入境动物及动物产品的检验检疫、疫情报告、消毒处理、流行病学调查和宣传教育等。

3 突发重大动物疫情的监测、预警与报告

3.1 监测

国家建立突发重大动物疫情监测、报告网络体系。农业部和地方各级人民政府兽医行政管理部门要加强对监测工作的管理和监督，保证监测质量。

3.2 预警

各级人民政府兽医行政管理部门根据动物防疫监督机构提供的监测信息，按照重大动物疫情的发生、发展规律和特点，分析其危害程度、可能的发展趋势，及时做出相应级别的预警，依次用红色、橙色、黄色和蓝色表示特别严重、严重、较重和一般四个预警级别。

3.3 报告

任何单位和个人有权向各级人民政府及其有关部门报告突发重大动物疫情及其隐患，有权向上级政府部门举报不履行或者不按照规定履行突发重大动物疫情应急处理职责的部门、单位及个人。

3.3.1 责任报告单位和责任报告人

（1）责任报告单位

a. 县级以上地方人民政府所属动物防疫监督机构；

b. 各动物疫病国家参考实验室和相关科研院校；

c. 出入境检验检疫机构；

d. 兽医行政管理部门；

e. 县级以上地方人民政府；

f. 有关动物饲养、经营和动物产品生产、经营的单位，各类动物诊疗机构等相关单位。

（2）责任报告人

执行职务的各级动物防疫监督机构、出入境检验检疫机构的兽医人员；各类动物诊疗机构的兽医；饲养、经营动物和生产、经营动物产品的人员。

3.3.2　报告形式

各级动物防疫监督机构应按国家有关规定报告疫情；其他责任报告单位和个人以电话或书面形式报告。

3.3.3　报告时限和程序

发现可疑动物疫情时，必须立即向当地县（市）动物防疫监督机构报告。县（市）动物防疫监督机构接到报告后，应当立即赶赴现场诊断，必要时可请省级动物防疫监督机构派人协助进行诊断，认定为疑似重大动物疫情的，应当在 2 小时内将疫情逐级报至省级动物防疫监督机构，并同时报所在地人民政府兽医行政管理部门。省级动物防疫监督机构应当在接到报告后 1 小时内，向省级兽医行政管理部门和农业部报告。省级兽医行政管理部门应当在接到报告后的 1 小时内报省级人民政府。特别重大、重大动物疫情发生后，省级人民政府、农业部应当在 4 小时内向国务院报告。

认定为疑似重大动物疫情的应立即按要求采集病料样品送省级动物防疫监督机构实验室确诊，省级动物防疫监督机构不能确诊的，送国家参考实验室确诊。确诊结果应立即报农业部，并抄送省级兽医行政管理部门。

3.3.4　报告内容

疫情发生的时间、地点、发病的动物种类和品种、动物来源、临床症状、发病数量、死亡数量、是否有人员感染、已采取的控制措施、疫情报告的单位和个人、联系方式等。

4　突发重大动物疫情的应急响应和终止

4.1　应急响应的原则

发生突发重大动物疫情时，事发地的县级、市（地）级、省级人民政府及其有关部门按照分级响应的原则作出应急响应。同时，要遵循突发重大动物疫情发生发展的客观规律，结合实际情况和预防控制工作的需要，及时调整预警和响应级别。要根据不同动物疫病的性质和特点，注重分析疫情的发展趋势，对势态和影响不断扩大的疫情，应及时升级预警和响应级别；对范围局限、不会进一步扩散的疫情，应相应降低响应级别，及时撤销预警。

突发重大动物疫情应急处理要采取边调查、边处理、边核实的方式，有效控制疫情发展。

未发生突发重大动物疫情的地方，当地人民政府兽医行政管理部门接到疫情通报后，要组织做好人员、物资等应急准备工作，采取必要的预防控制措施，防止突发重大动物疫情在本行政区域内发生，并服从上一级人民政府兽医行政管理部门的统一指挥，支援突发重大动物疫情发生地的应急处理工作。

4.2　应急响应

4.2.1　特别重大突发动物疫情（Ⅰ级）的应急响应

确认特别重大突发动物疫情后，按程序启动本预案。

（1）县级以上地方各级人民政府

a. 组织协调有关部门参与突发重大动物疫情的处理。

b. 根据突发重大动物疫情处理需要，调集本行政区域内各类人员、物资、交通工具和相关设施、设备参加应急处理工作。

c. 发布封锁令，对疫区实施封锁。

d. 在本行政区域内采取限制或者停止动物及动物产品交易、扑杀染疫或相关动物，临时征用房屋、场所、交通工具；封闭被动物疫病病原体污染的公共饮用水源等紧急措施。

e. 组织铁路、交通、民航、质检等部门依法在交通站点设置临时动物防疫监督检查站，对进出疫区、出入境的交通工具进行检查和消毒。

f. 按国家规定做好信息发布工作。

g. 组织乡镇、街道、社区以及居委会、村委会，开展群防群控。

h. 组织有关部门保障商品供应，平抑物价，严厉打击造谣传谣、制假售假等违法犯罪和扰乱社会治安的行为，维护社会稳定。

必要时，可请求中央予以支持，保证应急处理工作顺利进行。

（2）兽医行政管理部门

a. 组织动物防疫监督机构开展突发重大动物疫情的调查与处理；划定疫点、疫区、受威胁区。

b. 组织突发重大动物疫情专家委员会对突发重大动物疫情进行评估，提出启动突发重大动物疫情应急响应的级别。

c. 根据需要组织开展紧急免疫和预防用药。

d. 县级以上人民政府兽医行政管理部门负责对本行政区域内应急处理工作的督导和检查。

e. 对新发现的动物疫病，及时按照国家规定，开展有关技术标准和规范的培训工作。

f. 有针对性地开展动物防疫知识宣教，提高群众防控意识和自我防护能力。

g. 组织专家对突发重大动物疫情的处理情况进行综合评估。

（3）动物防疫监督机构

a. 县级以上动物防疫监督机构做好突发重大动物疫情的信息收集、报告与分析工作。

b. 组织疫病诊断和流行病学调查。

c. 按规定采集病料，送省级实验室或国家参考实验室确诊。

d. 承担突发重大动物疫情应急处理人员的技术培训。

（4）出入境检验检疫机构

a. 境外发生重大动物疫情时，会同有关部门停止从疫区国家或地区输入相关动物及其产品；加强对来自疫区运输工具的检疫和防疫消毒；参与打击非法走私入境动物或动物产品等违法活动。

b. 境内发生重大动物疫情时，加强出口货物的查验，会同有关部门停止疫区和受威胁区的相关动物及其产品的出口；暂停使用位于疫区内的依法设立的出入境相关动物临时隔离检疫场。

c. 出入境检验检疫工作中发现重大动物疫情或者疑似重大动物疫情时，立即向当地兽医行政管理部门报告，并协助当地动物防疫监督机构做好疫情控制和扑灭工作。

4.2.2　重大突发动物疫情（Ⅱ级）的应急响应

确认重大突发动物疫情后，按程序启动省级疫情应急响应机制。

（1）省级人民政府

省级人民政府根据省级人民政府兽医行政管理部门的建议，启动应急预案，统一领导和指挥本行政区域内突发重大动物疫情应急处理工作。组织有关部门和人员扑疫；紧急调集各种应急处理物资、交通工具和相关设施设备；发布或督导发布封锁令，对疫区实施封锁；依法设置临时动物防疫监督检查站查堵疫源；限制或停止动物及动物产品交易、扑杀染疫或相关动物；封锁被动物疫源污染的公共饮用水源等；按国家规定做好信息发布工作；组织乡镇、街道、社区及居委会、村委会，开展群防群控；组织有关部门保障商品供应，平抑物价，维护社会稳定。必要时，可请求中央予以支持，保证应急处理工作顺利进行。

(2) 省级人民政府兽医行政管理部门

重大突发动物疫情确认后，向农业部报告疫情。必要时，提出省级人民政府启动应急预案的建议。同时，迅速组织有关单位开展疫情应急处置工作。组织开展突发重大动物疫情的调查与处理；划定疫点、疫区、受威胁区；组织对突发重大动物疫情应急处理的评估；负责对本行政区域内应急处理工作的督导和检查；开展有关技术培训工作；有针对性地开展动物防疫知识宣传教育，提高群众防控意识和自我防护能力。

(3) 省级以下地方人民政府

疫情发生地人民政府及有关部门在省级人民政府或省级突发重大动物疫情应急指挥部的统一指挥下，按照要求认真履行职责，落实有关控制措施。具体组织实施突发重大动物疫情应急处理工作。

(4) 农业部

加强对省级兽医行政管理部门应急处理突发重大动物疫情工作的督导，根据需要组织有关专家协助疫情应急处置；并及时向有关省份通报情况。必要时，建议国务院协调有关部门给予必要的技术和物资支持。

4.2.3 较大突发动物疫情（Ⅲ级）的应急响应

(1) 市（地）级人民政府

市（地）级人民政府根据本级人民政府兽医行政管理部门的建议，启动应急预案，采取相应的综合应急措施。必要时，可向上级人民政府申请资金、物资和技术援助。

(2) 市（地）级人民政府兽医行政管理部门

对较大突发动物疫情进行确认，并按照规定向当地人民政府、省级兽医行政管理部门和农业部报告调查处理情况。

（3）省级人民政府兽医行政管理部门

省级兽医行政管理部门要加强对疫情发生地疫情应急处理工作的督导，及时组织专家对地方疫情应急处理工作提供技术指导和支持，并向本省有关地区发出通报，及时采取预防控制措施，防止疫情扩散蔓延。

4.2.4　一般突发动物疫情（Ⅳ级）的应急响应

县级地方人民政府根据本级人民政府兽医行政管理部门的建议，启动应急预案，组织有关部门开展疫情应急处置工作。

县级人民政府兽医行政管理部门对一般突发重大动物疫情进行确认，并按照规定向本级人民政府和上一级兽医行政管理部门报告。

市（地）级人民政府兽医行政管理部门应组织专家对疫情应急处理进行技术指导。

省级人民政府兽医行政管理部门应根据需要提供技术支持。

4.2.5　非突发重大动物疫情发生地区的应急响应

应根据发生疫情地区的疫情性质、特点、发生区域和发展趋势，分析本地区受波及的可能性和程度，重点做好以下工作：

（1）密切保持与疫情发生地的联系，及时获取相关信息。

（2）组织做好本区域应急处理所需的人员与物资准备。

（3）开展对养殖、运输、屠宰和市场环节的动物疫情监测和防控工作，防止疫病的发生、传入和扩散。

（4）开展动物防疫知识宣传，提高公众防护能力和意识。

（5）按规定做好公路、铁路、航空、水运交通的检疫监督工作。

4.3　应急处理人员的安全防护

要确保参与疫情应急处理人员的安全。针对不同的重大动物疫病，特别是一些重大人畜共患病，应急处理人员还应采取特殊的防护措施。

4.4　突发重大动物疫情应急响应的终止

突发重大动物疫情应急响应的终止需符合以下条件：疫区内所有的动物及其产品按规定处理后，经过该疫病的至少一个最长潜伏期无新的病例出现。

特别重大突发动物疫情由农业部对疫情控制情况进行评估，提出终止应急措施的建议，按程序报批宣布。

重大突发动物疫情由省级人民政府兽医行政管理部门对疫情控制情况进

行评估，提出终止应急措施的建议，按程序报批宣布，并向农业部报告。

较大突发动物疫情由市（地）级人民政府兽医行政管理部门对疫情控制情况进行评估，提出终止应急措施的建议，按程序报批宣布，并向省级人民政府兽医行政管理部门报告。

一般突发动物疫情，由县级人民政府兽医行政管理部门对疫情控制情况进行评估，提出终止应急措施的建议，按程序报批宣布，并向上一级和省级人民政府兽医行政管理部门报告。

上级人民政府兽医行政管理部门及时组织专家对突发重大动物疫情应急措施终止的评估提供技术指导和支持。

5 善后处理

5.1 后期评估

突发重大动物疫情扑灭后，各级兽医行政管理部门应在本级政府的领导下，组织有关人员对突发重大动物疫情的处理情况进行评估，提出改进建议和应对措施。

5.2 奖励

县级以上人民政府对参加突发重大动物疫情应急处理作出贡献的先进集体和个人，进行表彰；对在突发重大动物疫情应急处理工作中英勇献身的人员，按有关规定追认为烈士。

5.3 责任

对在突发重大动物疫情的预防、报告、调查、控制和处理过程中，有玩忽职守、失职、渎职等违纪违法行为的，依据有关法律法规追究当事人的责任。

5.4 灾害补偿

按照各种重大动物疫病灾害补偿的规定，确定数额等级标准，按程序进行补偿。

5.5 抚恤和补助

地方各级人民政府要组织有关部门对因参与应急处理工作致病、致残、死亡的人员，按照国家有关规定，给予相应的补助和抚恤。

5.6 恢复生产

突发重大动物疫情扑灭后，取消贸易限制及流通控制等限制性措施。根据各种重大动物疫病的特点，对疫点和疫区进行持续监测，符合要求的，方可重新引进动物，恢复畜牧业生产。

5.7　社会救助

发生重大动物疫情后，国务院民政部门应按《中华人民共和国公益事业捐赠法》和《救灾救济捐赠管理暂行办法》及国家有关政策规定，做好社会各界向疫区提供的救援物资及资金的接收，分配和使用工作。

6　突发重大动物疫情应急处置的保障

突发重大动物疫情发生后，县级以上地方人民政府应积极协调有关部门，做好突发重大动物疫情处理的应急保障工作。

6.1　通信与信息保障

县级以上指挥部应将车载电台、对讲机等通讯工具纳入紧急防疫物资储备范畴，按照规定做好储备保养工作。

根据国家有关法规对紧急情况下的电话、电报、传真、通讯频率等予以优先待遇。

6.2　应急资源与装备保障

6.2.1　应急队伍保障

县级以上各级人民政府要建立突发重大动物疫情应急处理预备队伍，具体实施扑杀、消毒、无害化处理等疫情处理工作。

6.2.2　交通运输保障

运输部门要优先安排紧急防疫物资的调运。

6.2.3　医疗卫生保障

卫生部门负责开展重大动物疫病（人畜共患病）的人间监测，作好有关预防保障工作。各级兽医行政管理部门在做好疫情处理的同时应及时通报疫情，积极配合卫生部门开展工作。

6.2.4　治安保障

公安部门、武警部队要协助做好疫区封锁和强制扑杀工作，做好疫区安全保卫和社会治安管理。

6.2.5　物资保障

各级兽医行政管理部门应按照计划建立紧急防疫物资储备库，储备足够的药品、疫苗、诊断试剂、器械、防护用品、交通及通信工具等。

6.2.6 经费保障

各级财政部门为突发重大动物疫病防治工作提供合理而充足的资金保障。

各级财政在保证防疫经费及时、足额到位的同时，要加强对防疫经费使用的管理和监督。

各级政府应积极通过国际、国内等多渠道筹集资金，用于突发重大动物疫情应急处理工作。

6.3 技术储备与保障

建立重大动物疫病防治专家委员会，负责疫病防控策略和方法的咨询，参与防控技术方案的策划、制定和执行。

设置重大动物疫病的国家参考实验室，开展动物疫病诊断技术、防治药物、疫苗等的研究，作好技术和相关储备工作。

6.4 培训和演习

各级兽医行政管理部门要对重大动物疫情处理预备队成员进行系统培训。

在没有发生突发重大动物疫情状态下，农业部每年要有计划地选择部分地区举行演练，确保预备队扑灭疫情的应急能力。地方政府可根据资金和实际需要的情况，组织训练。

6.5 社会公众的宣传教育

县级以上地方人民政府应组织有关部门利用广播、影视、报刊、互联网、手册等多种形式对社会公众广泛开展突发重大动物疫情应急知识的普及教育，宣传动物防疫科普知识，指导群众以科学的行为和方式对待突发重大动物疫情。要充分发挥有关社会团体在普及动物防疫应急知识、科普知识方面的作用。

7 各类具体工作预案的制定

农业部应根据本预案，制定各种不同重大动物疫病应急预案，并根据形势发展要求，及时进行修订。

国务院有关部门根据本预案的规定，制定本部门职责范围内的具体工作方案。

县级以上地方人民政府根据有关法律法规的规定，参照本预案并结合本地区实际情况，组织制定本地区突发重大动物疫情应急预案。

8 附则

8.1 名词术语和缩写语的定义与说明

重大动物疫情：是指陆生、水生动物突然发生重大疫病，且迅速传播，导致动物发病率或者死亡率高,给养殖业生产安全造成严重危害,或者可能对人民身体健康与生命安全造成危害的,具有重要经济社会影响和公共卫生意义。

我国尚未发现的动物疫病:是指疯牛病、非洲猪瘟、非洲马瘟等在其他国家和地区已经发现,在我国尚未发生过的动物疫病。

我国已消灭的动物疫病:是指牛瘟、牛肺疫等在我国曾发生过,但已扑灭净化的动物疫病。

暴发:是指一定区域,短时间内发生波及范围广泛、出现大量患病动物或死亡病例,其发病率远远超过常年的发病水平。

疫点:患病动物所在的地点划定为疫点,疫点一般是指患病禽类所在的禽场(户)或其他有关屠宰、经营单位。

疫区:以疫点为中心的一定范围内的区域划定为疫区,疫区划分时注意考虑当地的饲养环境、天然屏障(如河流、山脉)和交通等因素。

受威胁区:疫区外一定范围内的区域划定为受威胁区。

本预案有关数量的表述中,"以上"含本数,"以下"不含本数。

8.2 预案管理与更新

预案要定期评审,并根据突发重大动物疫情的形势变化和实施中发现的问题及时进行修订。

8.3 预案实施时间

本预案自印发之日起实施。

国务院办公厅2004年发布的
《全国高致病性禽流感应急预案》

为及时、有效地预防、控制和扑灭高致病性禽流感，确保养殖业持续发展和人民健康安全，依据《中华人民共和国动物防疫法》，制定本预案。

一、疫情报告

任何单位和个人发现禽类发病急、传播迅速、死亡率高等异常情况，应及时向当地动物防疫监督机构报告。动物防疫监督机构在接到报告或了解上述情况后，立即派员到现场进行调查核实，怀疑是高致病性禽流感的，应在2个小时以内将情况逐级报到省级畜牧兽医行政管理部门。经确认后，应立即上报同级人民政府和国务院畜牧兽医行政管理部门，国务院畜牧兽医行政管理部门应当立即向国务院报告。

二、疫情确认

高致病性禽流感疫情按程序认定。

（一）动物防疫监督机构接到疫情报告后，立即派出2名以上具备相关资格的防疫人员到现场进行临床诊断，提出初步诊断意见；

（二）对怀疑为高致病性禽流感疫情的，及时采集病料送省级动物防疫监督机构实验室进行血清学检测（水禽不能采用琼脂扩散试验），诊断结果为阳性的，可确认为高致病性禽流感疑似病例；

（三）对疑似病例必须派专人将病料送国务院畜牧兽医行政管理部门指定的实验室做病毒分离与鉴定，进行最终确诊；

（四）国务院畜牧兽医行政管理部门根据最终确诊结果，确认高致病性禽流感疫情，并予公布。

三、疫情分级

高致病性禽流感疫情分为三级。

（一）有下列情况之一的，为一级疫情：

1. 在相邻省份的相邻区域有10个以上县发生疫情；

2. 在1个省有20个以上县发生或者10个以上县连片发生疫情；

3. 在数省内呈多发态势的疫情；

4. 特殊情况需要划为一级疫情的。

（二）有下列情况之一的，为二级疫情：

1. 在 1 个省级行政区域内有 2 个以上地（市）发生疫情；

2. 在 1 个省级行政区域内有 20 个疫点或者 5 个以上 10 个以下县连片发生疫情；

3. 在相邻省份的相邻区域有 10 个以下县发生疫情；

4. 特殊情况需要划为二级疫情的。

（三）在 1 个地（市）行政区域内发生疫情的，为三级疫情。

四、应急指挥系统和部门分工

（一）启动应急指挥系统

发生一级疫情时，国务院应急指挥机构启动全国应急预案；发生二级疫情时，省级人民政府应急指挥机构启动省级应急预案；发生三级疫情时，疫情发生地（市）、县人民政府应急指挥机构启动相应的应急预案。

指挥机构由本级人民政府主管领导任总指挥，成员由政府有关部门、军队、武警部队及有关单位负责同志组成。指挥机构办公室设在同级人民政府畜牧兽医行政主管部门，具体负责日常工作。

（二）部门分工

高致病性禽流感应急工作由政府统一领导，有关部门分工负责。1. 县级以上人民政府畜牧兽医行政管理部门应当制定疫点、疫区、受威胁区的处理方案，负责疫情监测、流行病学调查、疫源追踪，对发病动物及同群动物的扑杀进行技术指导，组织实施检疫、消毒、无害化处理和紧急免疫接种。2. 发展改革、财政、科技、交通运输、卫生、公安、工商行政管理、出入境检验检疫等有关部门以及应急指挥机构成员单位，应当在各自的职责范围内负责做好应急所需的物资储备、应急处理经费落实、防治技术攻关研究、应急物资运输、防止对人的感染、社会治安维护、动物及其产品市场监管、口岸检疫、防疫知识宣传等工作。人民解放军、武警部队应当支持和配合驻地人民政府做好疫情防治的应急工作。

五、控制措施

一旦发现疫情，要按照"早、快、严"的原则坚决扑杀，彻底消毒，严格隔离，强制免疫，坚决防止疫情扩散。

（一）分析疫源

根据流行病学调查结果，分析疫源及其可能扩散、流行的情况。对仍可能存在的传染源，以及在疫情潜伏期和发病期间售出的禽类及其产品、可疑污染物（包括粪便、垫料、饲料）等应立即开展追踪调查。

（二）划定疫点、疫区、受威胁区

1. 将病禽所在禽场（户）或其他有关屠宰、经营单位划为疫点；散养的，将病禽所在自然村划为疫点；2. 以疫点为中心，将半径3公里内的区域划为疫区；3. 将距疫区周边5公里内的区域划为受威胁区。

（三）疫点内应采取的措施

1. 扑杀所有的禽只，并对所有病死禽、被扑杀禽及其禽类产品按国家规定标准进行无害化处理；2. 对禽类排泄物、被污染饲料、垫料、污水等进行无害化处理；3. 对被污染的物品、交通工具、用具、禽舍、场地进行严格彻底消毒，并消灭病原。

（四）疫区内应采取的措施

1. 在疫区周围设置警示标志，在出入疫区的交通路口设置动物检疫消毒站，对出入的车辆和有关物品进行消毒。必要时，经省级人民政府批准，可设立临时监督检查站，执行对禽类的监督检查任务；2. 扑杀疫区内所有禽类；3. 关闭禽类产品交易市场，禁止易感染活禽进出和易感染禽类产品运出；4. 对禽类排泄物、被污染饲料、垫料、污水等按国家规定标准进行无害化处理；5. 对被污染的物品、交通工具、用具、禽舍、场地进行严格彻底消毒，并消灭病原；6. 根据需要，由县级以上人民政府决定对疫区实行封锁。

（五）受威胁区应采取的措施

1. 对所有易感染禽类采用国家批准使用的疫苗进行紧急强制免疫接种，并建立完整的免疫档案；2. 对禽类实行疫情监测，掌握疫情动态。

（六）解除封锁

疫区内所有禽类及其产品按规定处理后，经过21天以上的监测，未出现新的传染源，由动物防疫监督人员审验合格后，由当地畜牧兽医行政管理部门向发布封锁令的人民政府申请解除封锁。

（七）处理记录

各级人民政府畜牧兽医行政管理部门必须完整详细地记录疫情应急处理过程。

（八）非疫区应采取的措施

要做好防疫的各项工作，完善疫情应急预案，加强疫情监测，防止疫情发生。

上述（三）（四）（五）所列措施必须在当地动物防疫监督机构的监督下实施。

六、保障措施

（一）物资保障

建立国家级和省级动物防疫物资储备制度，储备相应足量的防治高致病性禽流感应急物资。储备物资应存放在交通方便，具备贮运条件，安全的区域。1. 国家重点储备疫情处理用防护用品、消毒药品、消毒设备、疫苗、诊断试剂、封锁设施和设备等；2. 省级重点储备疫苗、诊断试剂、消毒药品、消毒设备、防护用品、封锁设施和设备等；3. 养殖规模较大的地（市）、县也要根据需要做好有关防疫物品的储备。

（二）资金保障

高致病性禽流感应急所需经费要纳入各级财政预算。扑杀病禽及同群禽由国家给予合理补贴，强制免疫费用由国家负担，所需资金由中央和地方财政按规定的比例分担。

（三）技术保障

1. 国家设立禽流感参考实验室和区域性（省级）禽流感专业实验室，分级负责全国或本区域的禽流感病毒分离与鉴定、诊断技术指导工作及禽流感的检测、诊断工作；2. 禽流感参考实验室和专业实验室的生物安全条件必须满足三级生物安全水平（BSL-3），并经国务院畜牧兽医行政管理部门认定批准。

（四）人员保障

1. 国家和省级分别设立禽流感现场诊断专家组，专家组负责高致病性禽流感疫情现场诊断、提出应急控制技术方案建议；2. 地方各级人民政府要组建突发高致病性禽流感疫情防疫应急预备队。应急预备队按照本级指挥部的要求，具体实施疫情应急处理工作。应急预备队由当地畜牧兽医行政管理人员、动物防疫监督人员、有关专家、执业兽医、卫生防疫人员等组成。公安机关、武警部队应依法予以协助执行任务；3. 地方各级人民政府要加强禽流感科普知识宣传，依靠广大群众，对高致病性禽流感实行群防群控，把各项防疫措施落到实处。

农业部2005年发布的《农业部门应对人间发生高致病性禽流感疫情应急预案》

一、总则

(一) 目的

为在人间发生高致病性禽流感疫情时，及时有效预防、控制和扑灭高致病性禽流感疫情，协助卫生部门做好人间禽流感防控工作，最大程度地减少疫情对公众健康和社会造成的危害，确保经济发展和社会稳定，保障人民身体健康安全，特制定本预案。

(二) 工作原则

在各级人民政府统一领导下，各级兽医行政管理部门应按照预案规定和职能分工，协助卫生部门做好人间禽流感疫情应急处置工作，同时做好家禽高致病性禽流感疫情的应对准备和应急处理工作，及时发现，快速反应，严格处理，减少损失。

(三) 编制依据

依据《中华人民共和国动物防疫法》、《中华人民共和国传染病防治法》、《国家突发重大动物疫情应急预案》和《全国高致病性禽流感应急预案》等法律法规编制。

(四) 适用范围

本预案适用于人间发生高致病性禽流感疫情后，各级人民政府兽医行政管理部门协助卫生部门查找病源，防止疫情扩散蔓延，同时做好预防、控制和扑灭家禽高致病性禽流感疫情时应急处理工作。

二、突发人间高致病性禽流感疫情预警和监测

(一) 监测

1. 组织当地动物防疫监督机构，对人病例所在地3公里范围及其近期活动区域的禽类进行紧急监测，同时，采集野禽粪便、池塘污水等样本，及时了解家禽和野禽感染带毒和环境病毒污染情况。

2. 协助卫生部门，开展对人病例的流行病学和临床特征调查，并了解最

近是否接触病死家禽、野鸟和境外旅游等活动史，及时查找病源，排查疫情。

3. 利用农业、卫生部门重大人畜共患病信息和交流合作机制，及时互通疫情监测信息通报，加强沟通，共享信息资源。

（二）预警

1. 组织农业、卫生等部门专家共同研究分析，提出疫情形势分析和评估报告，预测疫情发展态势，拟定相应对策。

2. 及时向社会发布高致病性禽流感疫情预警。

三、应急处置

（一）发现高致病性禽流感或疑似高致病性禽流感疫情的，立即按照《国家突发重大动物疫情应急预案》和《全国高致病性禽流感应急预案》规定，启动应急预案。未发现高致病性禽流感或疑似高致病性禽流感疫情的，对人病例所在地周围 8 公里范围内的家禽进行紧急免疫和消毒。

（二）对人病例所在县的家禽和猪加大监测范围和比例，对当地养殖户逐户排查，对禽类及其产品加强检疫监管。

（三）组织对人病例所在县的高致病性禽流感疫情进行评估，并完成评估报告。

（四）加强与卫生、科技等部门禽流感防控技术的交流与合作，共同开展快速诊断、病毒分离株的基因分析，查找病源，提出应对措施，发布预警。

（五）加强对兽医人员及相关人员的自身防护，并协助卫生部门加强对家禽养殖场饲养、扑杀（屠宰）人员等高风险人员的检测和医学观察。

（六）开展防控禽流感科普知识的宣传，提高群众自我防护意识。

（七）加强与联合国粮农组织（FAO）、世界卫生组织（WHO）、世界动物卫生组织（OIE）等有关国际组织的信息交流与合作。

四、应急响应

一旦人间发生高致病性禽流感疫情后，按规定农业部门启动本预案，并按照以下应急响应原则，及时启动相应应急响应。

人间发生突发重大动物疫情时，当地县级以上地方人民政府兽医行政管理部门在配合做好人禽流感防控工作同时，按照国家规定，启动相应级别的应急响应。根据疫情性质和特点，及时分析疫情的发展趋势，提出维持、撤销、降级或升级预警和响应级别。

　　未发生高致病性禽流感的地方，要组织做好人员、物资等应急准备工作，采取必要的防范措施，防止疫情发生。

　　在各级人民政府的支持下，各级兽医行政主管部门积极争取落实疫情处置、人员培训、宣传教育、疫情监测、疫情调查等工作所需的经费，确保各项经费及时足额到位，保障各项防控措施得以落实和疫情应急处理工作得以全面开展。

五、附则

　　（一）各省（区、市）人民政府兽医行政管理部门根据本预案，结合本地实际情况，制定本预案实施方案。

　　（二）本预案由农业部负责解释。

　　（三）本预案自公布之日起施行。

农业部2007年发布的《高致病性禽流感防治技术规范》

高致病性禽流感（Highly Pathogenic Avian Influenza，HPAI）是由正粘病毒科流感病毒属A型流感病毒引起的以禽类为主的烈性传染病。世界动物卫生组织（OIE）将其列为必须报告的动物传染病，我国将其列为一类动物疫病。

为预防、控制和扑灭高致病性禽流感，依据《中华人民共和国动物防疫法》、《重大动物疫情应急条例》、《国家突发重大动物疫情应急预案》及有关的法律法规制定本规范。

1 适用范围

本规范规定了高致病性禽流感的疫情确认、疫情处置、疫情监测、免疫、检疫监督的操作程序、技术标准及保障措施。

本规范适用于中华人民共和国境内一切与高致病性禽流感防治活动有关的单位和个人。

2 诊断

2.1 流行病学特点

2.1.1 鸡、火鸡、鸭、鹅、鹌鹑、雉鸡、鹧鸪、鸵鸟、孔雀等多种禽类易感，多种野鸟也可感染发病。

2.1.2 传染源主要为病禽（野鸟）和带毒禽（野鸟）。病毒可长期在污染的粪便、水等环境中存活。

2.1.3 病毒传播主要通过接触感染禽（野鸟）及其分泌物和排泄物、污染的饲料、水、蛋托（箱）、垫草、种蛋、鸡胚和精液等媒介，经呼吸道、消化道感染，也可通过气源性媒介传播。

2.2 临床症状

2.2.1 急性发病死亡或不明原因死亡，潜伏期从几小时到数天，最长可达21天；

2.2.2 脚鳞出血；

2.2.3 鸡冠出血或发绀、头部和面部水肿；

2.2.4 鸭、鹅等水禽可见神经和腹泻症状，有时可见角膜炎症，甚至失明；

2.2.5　产蛋突然下降。

2.3　病理变化

2.3.1　消化道、呼吸道黏膜广泛充血、出血；腺胃黏液增多，可见腺胃乳头出血，腺胃和肌胃之间交界处黏膜可见带状出血；

2.3.2　心冠及腹部脂肪出血；

2.3.3　输卵管的中部可见乳白色分泌物或凝块；卵泡充血、出血、萎缩、破裂，有的可见"卵黄性腹膜炎"；

2.3.4　脑部出现坏死灶、血管周围淋巴细胞管套、神经胶质灶、血管增生等病变；胰腺和心肌组织局灶性坏死。

2.4　血清学指标

2.4.1　未免疫禽 H5 或 H7 的血凝抑制（HI）效价达到 2^4 及以上（附件1）；

2.4.2　禽流感琼脂免疫扩散试验（AGID）阳性（附件2）。

2.5　病原学指标

2.5.1　反转录-聚合酶链反应（RT-PCR）检测，结果 H5 或 H7 亚型禽流感阳性（附件4）；

2.5.2　通用荧光反转录-聚合酶链反应（荧光 RT-PCR）检测阳性（附件6）；

2.5.3　神经氨酸酶抑制（NI）试验阳性（附件3）；

2.5.4　静脉内接种致病指数（IVPI）大于 1.2 或用 0.2ml 1∶10 稀释的无菌感染流感病毒的鸡胚尿囊液，经静脉注射接种 8 只 4～8 周龄的易感鸡，在接种后 10 天内，能致 6～7 只或 8 只鸡死亡，即死亡率≥75%；

2.5.5　对血凝素基因裂解位点的氨基酸序列测定结果与高致病性禽流感分离株基因序列相符（由国家参考实验室提供方法）。

2.6　结果判定

2.6.1　临床怀疑病例

符合流行病学特点和临床指标 2.2.1，且至少符合其他临床指标或病理指标之一的；

非免疫禽符合流行病学特点和临床指标 2.2.1 且符合血清学指标之一的。

2.6.2　疑似病例

临床怀疑病例且符合病原学指标2.5.1、2.5.2、2.5.3之一。

2.6.3　确诊病例

疑似病例且符合病原学指标2.5.4或2.5.5。

3　疫情报告

3.1　任何单位和个人发现禽类发病急、传播迅速、死亡率高等异常情况，应及时向当地动物防疫监督机构报告。

3.2　当地动物防疫监督机构在接到疫情报告或了解可疑疫情情况后，应立即派员到现场进行初步调查核实并采集样品，符合2.6.1规定的，确认为临床怀疑疫情；

3.3　确认为临床怀疑疫情的，应在2个小时内将情况逐级报到省级动物防疫监督机构和同级兽医行政管理部门，并立即将样品送省级动物防疫监督机构进行疑似诊断；

3.4　省级动物防疫监督机构确认为疑似疫情的，必须派专人将病料送国家禽流感参考实验室做病毒分离与鉴定，进行最终确诊；经确认后，应立即上报同级人民政府和国务院兽医行政管理部门，国务院兽医行政管理部门应当在4个小时内向国务院报告；

3.5　国务院兽医行政管理部门根据最终确诊结果，确认高致病性禽流感疫情。

4　疫情处置

4.1　临床怀疑疫情的处置

对发病场（户）实施隔离、监控，禁止禽类、禽类产品及有关物品移动，并对其内、外环境实施严格的消毒措施（附件8）。

4.2　疑似疫情的处置

当确认为疑似疫情时，扑杀疑似禽群，对扑杀禽、病死禽及其产品进行无害化处理，对其内、外环境实施严格的消毒措施，对污染物或可疑污染物进行无害化处理，对污染的场所和设施进行彻底消毒，限制发病场（户）周边3公里的家禽及其产品移动（见附件9、10）。

4.3　确诊疫情的处置

疫情确诊后立即启动相应级别的应急预案。

4.3.1 划定疫点、疫区、受威胁区

由所在地县级以上兽医行政管理部门划定疫点、疫区、受威胁区。

疫点：指患病动物所在的地点。一般是指患病禽类所在的禽场（户）或其他有关屠宰、经营单位；如为农村散养，应将自然村划为疫点。

疫区：由疫点边缘向外延伸3公里的区域划为疫区。疫区划分时，应注意考虑当地的饲养环境和天然屏障（如河流、山脉等）。

受威胁区：由疫区边缘向外延伸5公里的区域划为受威胁区。

4.3.2 封锁

由县级以上兽医主管部门报请同级人民政府决定对疫区实行封锁；人民政府在接到封锁报告后，应在24小时内发布封锁令，对疫区进行封锁：在疫区周围设置警示标志，在出入疫区的交通路口设置动物检疫消毒站，对出入的车辆和有关物品进行消毒。必要时，经省级人民政府批准，可设立临时监督检查站，执行对禽类的监督检查任务。

跨行政区域发生疫情的，由共同上一级兽医主管部门报请同级人民政府对疫区发布封锁令，对疫区进行封锁。

4.3.3 疫点内应采取的措施

4.3.3.1 扑杀所有的禽只，销毁所有病死禽、被扑杀禽类及其禽类产品；

4.3.3.2 对禽类排泄物、被污染饲料、垫料、污水等进行无害化处理；

4.3.3.3 对被污染的物品、交通工具、用具、禽舍、场地进行彻底消毒。

4.3.4 疫区内应采取的措施

4.3.4.1 扑杀疫区内所有家禽，并进行无害化处理，同时销毁相应的禽类产品；

4.3.4.2 禁止禽类进出疫区及禽类产品运出疫区；

4.3.4.3 对禽类排泄物、被污染饲料、垫料、污水等按国家规定标准进行无害化处理；

4.3.4.4 对所有与禽类接触过的物品、交通工具、用具、禽舍、场地进行彻底消毒。

4.3.5 受威胁区内应采取的措施

4.3.5.1 对所有易感禽类进行紧急强制免疫，建立完整的免疫档案；

4.3.5.2 对所有禽类实行疫情监测，掌握疫情动态。

4.3.6 关闭疫点及周边13公里内所有家禽及其产品交易市场。

4.3.7　流行病学调查、疫源分析与追踪调查

追踪疫点内在发病期间及发病前21天内售出的所有家禽及其产品，并销毁处理。按照高致病性禽流感流行病学调查规范，对疫情进行溯源和扩散风险分析（附件11）。

4.3.8　解除封锁

4.3.8.1　解除封锁的条件

疫点、疫区内所有禽类及其产品按规定处理完毕21天以上，监测未出现新的传染源；在当地动物防疫监督机构的监督指导下，完成相关场所和物品终末消毒；受威胁区按规定完成免疫。

4.3.8.2　解除封锁的程序

经上一级动物防疫监督机构审验合格，由当地兽医主管部门向原发布封锁令的人民政府申请发布解除封锁令，取消所采取的疫情处置措施。

4.3.8.3　疫区解除封锁后，要继续对该区域进行疫情监测，6个月后如未发现新病例，即可宣布该次疫情被扑灭。疫情宣布扑灭后方可重新养禽。

4.3.9　对处理疫情的全过程必须做好完整详实的记录，并归档。

5　疫情监测

5.1　监测方法包括临床观察、实验室检测及流行病学调查。

5.2　监测对象以易感禽类为主，必要时监测其他动物。

5.3　监测的范围

5.3.1　对养禽场户每年要进行两次病原学抽样检测，散养禽不定期抽检，对于未经免疫的禽类以血清学检测为主；

5.3.2　对交易市场、禽类屠宰厂（场）、异地调入的活禽和禽产品进行不定期的病原学和血清学监测。

5.3.3　对疫区和受威胁区的监测

5.3.3.1　对疫区、受威胁区的易感动物每天进行临床观察，连续1个月，病死禽送省级动物防疫监督机构实验室进行诊断，疑似样品送国家禽流感参考实验室进行病毒分离和鉴定。

解除封锁前采样检测1次，解除封锁后纳入正常监测范围；

5.3.3.2　对疫区养猪场采集鼻腔拭子，疫区和受威胁区所有禽群采集气管拭子和泄殖腔拭子，在野生禽类活动或栖息地采集新鲜粪便或水样，每个

采样点采集20份样品，用RT-PCR方法进行病原检测，发现疑似感染样品，送国家禽流感参考实验室确诊。

5.4 在监测过程中，国家规定的实验室要对分离到的毒株进行生物学和分子生物学特性分析与评价，密切注意病毒的变异动态，及时向国务院兽医行政管理部门报告。

5.5 各级动物防疫监督机构对监测结果及相关信息进行风险分析，做好预警预报。

5.6 监测结果处理

监测结果逐级汇总上报至中国动物疫病预防控制中心。发现病原学和非免疫血清学阳性禽，要按照《国家动物疫情报告管理办法》的有关规定立即报告，并将样品送国家禽流感参考实验室进行确诊，确诊阳性的，按有关规定处理。

6 免疫

6.1 国家对高致病性禽流感实行强制免疫制度，免疫密度必须达到100%，抗体合格率达到70%以上。

6.2 预防性免疫，按农业部制定的免疫方案中规定的程序进行。

6.3 突发疫情时的紧急免疫，按本规范有关条款进行。

6.4 所用疫苗必须采用农业部批准使用的产品，并由动物防疫监督机构统一组织、逐级供应。

6.5 所有易感禽类饲养者必须按国家制定的免疫程序做好免疫接种，当地动物防疫监督机构负责监督指导。

6.6 定期对免疫禽群进行免疫水平监测，根据群体抗体水平及时加强免疫。

7 检疫监督

7.1 产地检疫

饲养者在禽群及禽类产品离开产地前，必须向当地动物防疫监督机构报检，接到报检后，必须及时到户、到场实施检疫。检疫合格的，出具检疫合格证明，并对运载工具进行消毒，出具消毒证明，对检疫不合格的按有关规定处理。

7.2 屠宰检疫

动物防疫监督机构的检疫人员对屠宰的禽只进行验证查物，合格后方可入厂（场）屠宰。宰后检疫合格的方可出厂，不合格的按有关规定处理。

7.3 引种检疫

国内异地引入种禽、种蛋时，应当先到当地动物防疫监督机构办理检疫审批手续且检疫合格。引入的种禽必须隔离饲养 21 天以上，并由动物防疫监督机构进行检测，合格后方可混群饲养。

7.4 监督管理

7.4.1 禽类和禽类产品凭检疫合格证运输、上市销售。动物防疫监督机构应加强流通环节的监督检查，严防疫情传播扩散。

7.4.2 生产、经营禽类及其产品的场所必须符合动物防疫条件，并取得动物防疫合格证。

7.4.3 各地根据防控高致病性禽流感的需要设立公路动物防疫监督检查站，对禽类及其产品进行监督检查，对运输工具进行消毒。

8 保障措施

8.1 各级政府应加强机构队伍建设，确保各项防治技术落实到位。

8.2 各级财政和发改部门应加强基础设施建设，确保免疫、监测、诊断、扑杀、无害化处理、消毒等防治工作经费落实。

8.3 各级兽医行政部门动物防疫监督机构应按本技术规范，加强应急物资储备，及时演练和培训应急队伍。

8.4 在高致病禽流感防控中，人员的防护按《高致病性禽流感人员防护技术规范》执行（附件12）。

农业部 2009 年发布的高致病性禽流感免疫方案

资料来源：农医发［2009］1 号

一、要求

对所有鸡、水禽（鸭、鹅）和人工饲养的鹌鹑、鸽子等禽只进行高致病性禽流感强制免疫。

对进口国有要求、防疫条件好的出口企业，以及提供研究和疫苗生产用途的家禽，报经省级兽医行政管理部门批准后，可以不实施免疫。

二、免疫程序

规模养殖场按免疫程序进行免疫，对散养家禽实施春秋集中免疫，每月对新补栏的家禽要及时补免。

（1）种鸡、蛋鸡免疫

雏鸡 7～14 日龄时，用 H5N1 亚型禽流感灭活疫苗或禽流感-新城疫重组二联活疫苗（rL-H5）进行初免。在 3～4 周后可再进行一次加强免疫。开产前再用 H5N1 亚型禽流感灭活疫苗进行强化免疫，以后根据免疫抗体检测结果，每隔 4～6 个月用 H5N1 亚型禽流感灭活苗免疫一次。

（2）商品代肉鸡免疫

7～10 日龄时，用禽流感-新城疫重组二联活疫苗（rL-H5）初免；2 周后，用禽流感-新城疫重组二联活疫苗（rL-H5）加强免疫一次。或者，7 日～14 日龄时，用 H5N1 亚型禽流感灭活疫苗免疫一次。

（3）种鸭、蛋鸭、种鹅、蛋鹅免疫

雏鸭或雏鹅 14～21 日龄时，用 H5N1 亚型禽流感灭活疫苗进行初免；间隔 3～4 周，再用 H5N1 亚型禽流感灭活疫苗进行一次加强免疫。以后根据免疫抗体检测结果，每隔 4～6 个月用 H5N1 亚型禽流感灭活疫苗免疫一次。

（4）商品肉鸭、肉鹅免疫

肉鸭 7～10 日龄时，用 H5N1 亚型禽流感灭活疫苗进行一次免疫即可。

肉鹅 7～10 日龄时，用 H5N1 亚型禽流感灭活疫苗进行初免；3～4 周后，再用 H5N1 亚型禽流感灭活疫苗进行一次加强免疫。

（5）散养禽免疫

春、秋两季用 H5N1 亚型禽流感灭活疫苗各进行一次集中全面免疫，每月定期补免。

（6）鹌鹑、鸽子等其他禽类免疫

根据饲养用途，参考鸡的相应免疫程序进行免疫。

三、调运家禽免疫

对调出县境的种禽或其他非屠宰家禽，可在调运前 2 周进行一次强化免疫。

四、紧急免疫

发生疫情时，要对受威胁区域的所有家禽进行一次强化免疫；边境地区受到境外疫情威胁时，要对距边境 30 公里范围内所有家禽进行一次强化免疫。最近 1 个月内已免疫的家禽可以不强化免疫。

五、受变异毒株威胁区免疫

宁夏、山西、陕西、河南、河北、山东（含青岛）、北京、天津、内蒙古、辽宁（含大连）、江苏、浙江（含宁波）、上海、安徽使用重组禽流感病毒 H5 亚型二价灭活疫苗（H5N1，Re-5＋Re-4 株）或选择使用禽流感灭活疫苗（H5N1，Re-5 株）、禽流感灭活疫苗（H5N1，Re-4 株）进行免疫。水禽仍使用禽流感灭活疫苗（H5N1，Re-5 株）进行免疫。其他地区根据监测情况，可使用变异毒株疫苗进行免疫，报兽医局备案。

六、H5-H9 二价灭活疫苗免疫

H5-H9 二价灭活疫苗的使用同 H5N1 亚型禽流感灭活疫苗。

七、使用疫苗种类

禽流感-新城疫重组二联活疫苗（rL-H5），重组禽流感病毒 H5 亚型二价灭活疫苗（H5N1，Re-5＋Re-4 株），禽流感灭活疫苗（H5N1，Re-4 株），禽流感灭活疫苗（H5N1，Re-5 株），H5-H9 二价灭活疫苗。

八、免疫方法

各种疫苗免疫接种方法及剂量按相关产品说明书规定操作。

九、免疫效果监测

实行常规监测与随机抽检、集中监测相结合。各地应对免疫抗体进行及

时检测，我部将组织两次全国性免疫效果监测和评价活动。

1. 检测方法

血凝抑制试验（HI）。

2. 免疫效果判定

弱毒疫苗的免疫效果判定：商品代肉雏鸡第二次免疫 14 天后，进行免疫效果监测。鸡群免疫抗体转阳率≥50％判定为合格。

灭活疫苗的免疫效果判定：家禽免疫后 21 天进行免疫效果监测。禽流感抗体血凝抑制试验（HI）抗体效价≥2^4 判定为合格。

存栏禽群免疫抗体合格率≥70％判定为合格。

世界卫生组织（WHO）流感大流行阶段划分和应对计划

（译自 2009 年 7 月 1 日的 WHO 网站资料）

阶段	划分依据	应对计划
1	人群中没有检测到新的流感病毒（即某动物流感病毒或人流感病毒与动物流感病毒杂合的流感病毒，下同）	开发、演练、定期修改全国人流感大流行应急方案，与国家兽医部门一起，建立强大的监测系统；建立和加强信息沟通与风险交流机制，提高个人防护能力和防护意识，制定疫苗和药物应对方案，准备强化卫生系统的力量
2	人群中检测到新的流感病毒，此病毒被认为具有引发人流感大流行的能力	
3	人群中出现新的流感病毒，此病毒引发了少数人的病例，甚至人间小量短暂传播，但是人间传播不持久	
4	新的流感病毒引发持续的社区内传播	激活应急计划；在 WHO 的合作下，指导和协调流感大流行快速围堵行动，限制或延迟新的流感病毒的感染和扩散；加强监测；促进和交流被推荐的干预措施来预防和降低群体和个人的风险
5	新的流感病毒在一个 WHO 区域中至少两个国家内引发持续的社区内传播	在卫生系统全面落实流感大流行应急计划；落实多部门协作的领导体系，降低流感大流行带来的社会和经济负面影响，公布和宣传国家应对措施，落实社会和个人以及医药方面的措施，及时分析疫情的发展态势、影响和防控效果
6	新的流感病毒在两个 WHO 区域中引发持续的社区内传播	

附录 8　世界卫生组织（WHO）流感大流行阶段划分和应对计划

阶段	划分依据	应对计划
大流行 高峰期之后	经足够的监测数据表明，大多数国家人流感的流行率从高峰期下降	计划和协调新的资源，应对新的流行波；继续开展监测；定期发布更新疫情发展变化的情况；补充储备资源，完善计划，重建必要的服务体系
大流行 之后	经足够的监测数据表明，大多数国家人流感的流行率与季节性流感的流行率相似	评估卫生系统对流感大流行的干预效果，总结经验；分析流感大流行的特征，评估疫情跟踪分析方法

人禽流感病例流行病学调查方案

为预防和控制人禽流感病例的发生和传播，做好人禽流感疫情的流行病学调查，制定本方案。

一、调查目的

1. 为核实病例诊断提供流行病学证据；

2. 调查可能的传染源、传播途径及其影响因素，为疫情的预防控制提供科学依据；

3. 为研究人禽流感自然史，积累个案资料，描述、分析流行现状；

4. 发现人传人的线索、并寻找其证据，为及时做好流感大流行应对准备提供依据。

二、调查对象

人感染高致病性禽流感为法定按甲类管理的乙类传染病，县（区）级疾病预防控制机构接到相关疫情报告后，均要及时开展流行病学调查。调查对象为：

1. 不明原因肺炎病例；

2. 人禽流感待查病例、临床诊断病例、确诊病例；

3. 出现发热等异常临床表现的密切接触者；

4. 其他需要排除人禽流感的病例。

三、调查内容和方法

（一）调查内容

1. 个案流行病学调查

内容包括：病例基本情况、发病经过和就诊情况、临床表现、实验室检查、暴露因素、密切接触者情况、诊断和转归情况等。详见附表"人禽流感病例个案调查表"。

2. 标本采集

在进行现场流行病学调查时，要注意采集相关标本，标本采集种类、时限和方法参见《人禽流感标本采集及实验室检测技术方案》。

3. 其他调查

（1）动物疫情背景调查

收集与人禽流感发生有关的动物疫情情况。

①当地家禽饲养业的状况：家禽种类，饲养方式、饲养规模、禽流感疫苗免疫接种等。

②当地禽类、鸟类交易情况：交易种类、货物来源、交易方式（有无活禽集市、现场屠宰及防护情况等）。

③当地近年，尤其是近1～2月内发生禽流感或发生禽鸟类病（死）情况：发生时间，动物发病表现，动物发病、死亡的种类、数量和分布（波及的时间、地区），当地动物疫情监测结果（包括农业/林业部门开展的实验室诊断的健康带毒调查）。

④候鸟迁徙情况、近期异常死亡情况、禽流感监测情况。

（2）病例间流行病学联系调查

发现聚集性人禽流感病例及其他不能排除人传人的病例的线索，要仔细调查，寻找人暴露的证据，评估人传人可能性大小。

①发现人间传播的线索：

A. 出现聚集性人禽流感病例；

B. 人禽流感病例密切接触者中发生病例情况；

C. 医务人员感染人禽流感病例；

D. 其他没有禽类接触史的病例。

②重点探寻暴露的证据

A. 发病前1周内与人禽流感病例的接触情况，最后接触时间、接触方式、接触频率、接触地点、接触时采取防护措施情况等的深入调查核实。

B. 发病前1周内与病死禽类的接触及防护情况：

—饲养、贩卖、屠宰、加工病（死）禽；

—捕杀、处理病（死）禽；

—直接接触病（死）禽及其排泄物、分泌物等。

C. 发病前1周内有无其他接触可疑禽流感病毒污染物（如实验室污染）的情况。

D. 发病前10天的活动情况，是否到过禽流感疫区或曾出现病（死）禽的地区旅行。

③病例的密切接触者调查，参照《禽流感密切接触者的判定和处理原则》。

（3）环境因素调查

可能受到禽流感病毒污染的工作、居住环境调查，必要时可采集环境拭子标本检测禽流感病毒核酸，了解可能的感染来源或污染情况。

①住宅情况（居民楼、合住院落、独立房屋、集体宿舍）及人均居住面积；

②住宅附近农贸市场；

③住宅附近禽鸟类动物养殖场所；

④其他，如近期到医院就诊或探访病人情况。

（4）分析性研究

为探索病例的可疑暴露因素，可开展人禽流感病例的病例对照等的专题研究。

（二）调查方法

1. 调查者

应由经过培训的县（区）级疾病预防控制机构专业人员进行。现场调查者应做好个人防护，个人防护参照"人禽流感消毒、隔离和个人防护技术方案"执行。

现场调查时，应尽可能直接对病人进行访视和询问。如因病人病情较重、死亡或其他原因无法直接调查，或必要时，可通过其亲友、医生、同事或其他知情者进行调查核实或补充。

2. 调查时间

流行病学调查应在上述调查对象报告后迅速开展。病例个案调查表填写内容要完整，对标本实验室检测、病人转归等情况要及时进行补充，完善调查表中的相关信息。

3. 动物疫情资料来源

禽鸟类动物及其发病情况资料可通过与农业、林业、工商等部门的协调获取，必要时可进行现场补充调查得到。

四、资料的管理和利用

1. 在疫情调查处理进程中或结束后，应及时完成流行病学调查报告并及时上报上级疾控机构和同级卫生行政部门。各省疾控中心同时将人禽流感病例流行病学调查表和流行病学调查报告报中国疾控中心疾病控制与应急处理办公室。

2. 流行病学调查原始资料、汇总分析结果、调查报告及时整理归档。

3. 定期对积累的流调资料进行分析。

附表　人禽流感病例流行病学个案调查表

填表说明

1. 国标码：使用6位国标码，填写调查地区的国标代码。

2. 病例编码：人禽流感待查、临床诊断、确诊病例、不明原因肺炎和其他病例分别编码。

3. 凡是数字，都用阿拉伯数字如：0、1、2、3……

4. 用铅笔或圆珠笔填写，字迹要清楚易认。

5. 凡选择项，应在相应位置划"圈"。

6. 暴露因素和接触者情况调查请注意相关表注，接触方式只需在表中填写相应代号，如符合"（2）同处一室"则只需在表中相应位置填写"2"。

国标码□□□□□□　　　　　　病例编码□□□□

病例类型：（1）确诊　（2）临床诊断　（3）待查　（4）不明原因肺炎

（5）其他

1. 一般情况

1.1　姓名：　　　　（若是儿童，请填写家长姓名：　　　　）

1.2　联系电话

1.3　身份证号码：□□□□□□□□□□□□□□□□□□（家长身份证号码）

1.4　性别：（1）男　（2）女

1.5　出生日期：　年　月　日（如出生日期不详，实足年龄：　岁　月　天）

1.6　职业：（1）幼托儿童　（2）散居儿童　（3）学生　（4）教师

（5）保育保姆　（6）餐饮业　（7）商业服务　（8）工人　（9）民工　（10）农

民 (11) 牧民 (12) 渔（船）民 (13) 干部职员 (14) 离退人员
(15) 家务待业 (16) 其他

1.7 工作单位：

1.8 现住址： 省 市 县（区） 乡（街道） 村

1.9 户 籍： 省 市 县（区） 乡（街道） 村

1.10 现患基础疾病 (1) 有，病名： (2) 无 (3) 不详

1.11 流感疫苗接种史：(1) 有 (2) 无 (3) 不详

如有，最后一次接种日期： 年 月 日

1.12 免疫球蛋白接种史：(1) 有 (2) 无 (3) 不详

如有，最后一次接种日期： 年 月 日

2. 发病与就诊

2.1 发病日期： 年 月 日

2.2 发病地点： 省 市 县（区）

2.3 就诊情况（发病到调查时的诊治经过）

就诊日期	就诊医院和科室	诊断疾病名称	住院日期	住院号

3. 临床表现

3.1 首发症状（描述）：

3.2 发热： (1) 有，体温（最高） ℃ (2) 无

3.3 咳嗽： (1) 有 (2) 无 3.4 咳痰：(1) 有 (2) 无

3.5 鼻塞： (1) 有 (2) 无 3.6 流涕：(1) 有 (2) 无

3.7 头痛： (1) 有 (2) 无 3.8 咽痛：(1) 有 (2) 无

3.9 全身酸痛 (1) 有 (2) 无 3.10 乏力：(1) 有 (2) 无

3.11 胸闷： (1) 有 (2) 无 3.12 气促：(1) 有 (2) 无

3.13 呼吸困难：(1) 有 (2) 无 3.14 腹泻：(1) 有 (2) 无

3.15 结膜炎： (1) 有 (2) 无

4. 暴露和接触情况

4.1　发病前1周内接触禽流感病人情况：(1) 是　(2) 否　(3) 不详

患者姓名	发病时间	诊断	与患者关系	最后接触时间	接触方式*	接触频率♯	接触地点

注：* 接触方式（可多选）：(1) 共同进餐 (2) 同处一室 (3) 同一病区 (4) 共用食具、毛巾、玩具等 (5) 接触病人分泌物、排泄物等 (6) 诊治、护理 (7) 探视病人 (8) 其他接触

♯ 接触频率指发病前一周情况，分为每天、数次（写明日期或日期范围）、仅一次

4.2　发病前1周内接触禽鸟类等动物情况：　(1) 有　(2) 无　(3) 不详

接触动物情况				接触方式							
动物名称	接触地点*	接触频率♯	最后接触时间	饲养	销售	购买	宰杀	烹饪	排泄物分泌物	玩耍	手部伤口	其他

注：* 接触地点包括家中、工作单位、市场、饭店、公园等

♯ 接触频率填写发病前一周情况，分为每天、数次（写明日期或日期范围）、仅一次

4.3　发病前10天是否到过有禽流感疫区或曾出现病（死）禽的地方：

(1) 是　(2) 否　(3) 不详

4.3.1　若是，具体时间：　　年　月　日

4.3.2　详细地点：　　省　　市　　县（区）　　乡（街道）　　村

4.3.3　发病前1个月，你生活或工作过的范围内是否有禽鸟的异常死亡？

(1) 是　(2) 否　(3) 不详

4.4 其他

4.4.1 发病前一周内，曾到医院（就诊、看望病人等）(1) 是 (2) 否 (3) 不详

4.4.2 发病前一周内，到过禽流感病毒学实验室 (1) 是 (2) 否 (3) 不详

4.5 个人卫生习惯

4.5.1 接触家禽后是否洗手：(1) 经常 (2) 偶尔 (3) 从不

4.5.2 平时与病人接触病人是否洗手：(1) 经常 (2) 偶尔 (3) 从不

4.5.3 平时与病人接触病人是否戴口罩：(1) 经常 (2) 偶尔 (3) 从不

5. 发病至隔离治疗前的密切接触人员情况

接触者姓名	性别	年龄	与患者关系	接触方式*	住址（或工作单位）	电话号码	是否发病

注：* 接触方式：(1) 共同进餐 (2) 同处一室 (3) 同一病区 (4) 共用食具、毛巾、玩具等 (5) 接触病人分泌物、排泄物等 (6) 诊治、护理 (7) 探视病人 (8) 其他接触

6. 实验室检查

6.1 血常规：　年　月　日 WBC：　×109/L；N　%；L　%

　年　月　日 WBC：　×109/L；N　%；L　%

　年　月　日 WBC：　×109/L；N　%；L　%

6.2 胸部 X 线检查：　年　月　日　结果：

　年　月　日　结果：

　年　月　日　结果：

6.3　血清学和病原学检测：

标本种类	采样时间	检测项目	检测方法	检测单位	结　果

注：标本类型包括咽拭子、含漱液、痰、血清、粪便等

7. 转归与最终诊断情况

7.1　最后诊断：（1）确诊禽流感（2）排除（其他疾病名）

7.2　转归：（1）痊愈　（2）死亡　（3）转院　（4）其他

7.2.1　若痊愈，出院日期　　年　月　日

7.2.2　若死亡，死亡日期　　　年　月　日　死亡原因

7.2.3　若转院，转院日期　　　年　月　日　转往医院

8. 调查小结

调查单位：

调查时间：　　年　月　日

调查者签名：

本书各讲"问题与讨论"部分的参考答案

第二讲

2.1 根据《中华人民共和国动物防疫法》、《重大动物疫情应急条例》和《全国高致病性禽流感应急预案》等法律文件，我国高致病性禽流感疫情扑灭的主要政策是及时报告疫情，按照程序进行疫情确认，实行分级响应，一旦发现疫情，要按照"早、快、严"的原则，坚决扑杀，彻底消毒，严格隔离，强制免疫，坚决防止疫情扩散。

2.2 按照《动物防疫法》、《重大动物疫情应急条例》、《国家突发重大动物疫情应急预案》等文件，高致病性禽流感可疑疫情或疑似疫情，经国家禽流感参考实验室确诊后，被认为属于疫情的，由农业部依法对外公布。

2.3 在高致病性禽流感防控工作中，违纪违法行为主要包括违反疫情报告和处理制度，违反经费、物资保障和使用制度，违反市场管理规定、扰乱社会秩序三个方面，根据情节轻重给予违纪违法单位通报批评、警告的处分，对主要负责人和其他责任人员依法给予警告、降级、撤职、开除处分。构成犯罪的要追究刑事责任。

2.4 分别按照《动物防疫法》第 73 条和第 81 条的规定进行处罚。

第五讲

5.1 高致病性禽流感的潜伏期从数小时到数天，最长可达 21 天。在潜伏期内有传染的可能性。

5.2 健康禽直接接触病禽，或接触病禽的污染物，如病禽粪便污染的水，都可引起禽流感的传播。禽流感病毒存在于病禽和感染禽的消化道、呼吸道和禽体脏器组织中，可随眼、鼻、口腔分泌物及粪便排出体外。含有病毒的分泌物、粪便、死禽尸体污染的任何物体，如饲料、饮水、鸡舍、空气、笼具、饲养管理用具、运输车辆、昆虫以及各种携带病毒的鸟类等均可成为此病的机械性传播者。健康禽通过呼吸道和消化道感染，引起发病。

5.3 急性感染的禽流感无特定临床症状，在短时间内可见食欲废绝、体温骤升、精神沉郁，并伴随着大批死亡。鸡新城疫病毒感染与禽流感在临床上难以区分。

5.4　高致病性禽流感病毒一年四季均可发生，但在冬、春季容易发生、流行，并具有发病急、传播快、病死率高的流行特征。各种品种和不同日龄的禽类均可感染高致病性禽流感。

5.5　许多家禽如鸡、火鸡、珍珠鸡、鹌鹑、鸭、鹅等都可感染发病，但以鸡、火鸡、鸭和鹅多见，以火鸡和鸡最为易感，发病率和死亡率都很高；鸭和鹅等水禽的易感性较低，但可带毒或隐性感染，有时也会有大量死亡。各种日龄的鸡和火鸡都可感染发病死亡，而对于水禽如雏鸭、雏鹅其死亡率较高。尚未发现高致病性禽流感的发生与家禽性别有关。

5.6　高致病性禽流感在禽群之间主要依靠病毒污染的空气、饮水和饲料等物体而传播。对于感染禽下的蛋，蛋里面含有禽流感病毒的证据很少，但是蛋的表面可能会污染少许的粪便，这些粪便很有可能含有大量的禽流感病毒，因此感染的禽群生产的蛋不能作为种蛋来孵化。

5.7　高致病性禽流感在一年四季均可发生，但以冬、春季节多发。主要原因是：

第一，流感病毒对温度比较敏感，随着环境温度的升高，病毒存活时间缩短。另外，夏秋时节光照强度相对更高，阳光中的紫外线对病毒有很强的杀灭作用。

第二，夏秋时节禽舍通风强度远远高于冬、春季，良好的通风可以大大减少鸡舍环境中病毒的数量，因此，病毒侵入鸡体的机会和数量就明显减少，感染几率下降。同时良好的通风也减少了不良气体对鸡呼吸道黏膜的刺激，对维持呼吸道黏膜的抵抗力具有重要意义。

第六讲

6.1　首先应该采用围栏、篱笆等设施，防止散养的家禽随意走动；第二，要加强禽舍的清洁卫生；第三，自觉接受动物防疫监督机构的监测，并在政府协助下，做好疫苗接种工作；第四，一旦发现高致病性禽流感可疑疫情，应立即向当地动物防疫监督机构报告，并对发病场所采取隔离措施，防止疫情扩散。

6.2　家禽不应与猪一起混养，因为家禽的流感病毒可以感染猪，使得猪发病。此外，猪感染禽流感病毒之后，又能够促进禽流感病毒发生适应哺乳动物的变异，从而对人构成威胁。

鸡也不宜与鸭、鹅等水禽混养，因为水禽中各种亚型的流感病毒的携带率很高，其粪便中的病毒感染鸡只后，可造成禽流感的发生与流行，从而导致严重的经济损失。

6.3 加强饲养管理是预防所有动物传染病的前提条件，只有在良好的饲养管理下才能保证家禽处于最佳的生长状态并具备良好的抗病能力。从禽流感预防角度来说，必须将饲养管理和疾病预防作为一个整体加以考虑，通过采取严格的管理措施，如养殖场舍的隔离、环境消毒、控制人员和物品的流动等，防止禽群受到疾病的危害。

6.4 首先，应做好孵化厂的设计。应该做到从进蛋室开始，鸡蛋装盘、孵化、出雏、等候室和1日龄雏装运室到运输车载运区应是单行交通路线。每个孵化室必须有利于彻底清洗和消毒，通风系统应能够防止被污染的空气和尘埃重新循环。

第二，做好种蛋的收检和及时消毒工作。种鸡产蛋后要定时收集，并及时清除表面的污物，淘汰污染严重和有裂纹的蛋。

第三，入孵前做好孵化器、孵化用蛋盘、种蛋和出雏器的清洗消毒工作。

第四，对运雏车辆和设备要进行彻底消毒，防止交叉感染。

第五，在当地兽医卫生管理部门的指导下，对种鸡进行免疫接种，同时对雏鸡也进行疫苗的免疫接种。

6.5 饲养方式与禽流感的发生和控制关系密切，良好的饲养管理条件是预防禽流感的关键。

要避免鸡和水禽混养，因为水禽是禽流感病毒的重要储存宿主之一，可以携带病毒而不一定发病，但可以通过粪便排出病毒，污染水源或环境。这些病毒感染鸡后可引起鸡发病。

放牧或放养的家庭因此比较容易接触其他禽类、候鸟或者被这些野生动物污染过的环境、饲料和饮水，感染禽流感的几率大大增加。

集约化饲养的家禽由于环境隔离条件较好、人员和物流控制严格，加上良好的兽医卫生防疫措施，因此感染禽流感的机会少，一旦发生也能够迅速采取控制措施。

6.6 不能。高致病性禽流感病毒感染时，发病率和死亡率可达100%。

6.7 按照国家法律规定，凡是怀疑为高致病性禽流感的，依照国家法律规定是不能治疗的，应该立即上报当地兽医部门。当地兽医部门确定为可疑疫情后，应该立即上报疫情，并采取相应的隔离、消毒、无害化处理措施，防止疫情扩散。

6.8　高致病性禽流感病毒在家禽的粪便中能够存活几个星期，如果将产生的粪便很快施用到田里，会给环境带来病毒的污染，并可能给其他禽类造成危害。所以，家禽的粪便产生后应作堆肥等无害化处理，使其可能含有的病原微生物失去活性。这样做，还可以增加禽粪的肥力。

6.9　接种禽流感疫苗后，仍然可能发生禽流感。这是因为：

(1) 禽流感疫苗是油乳剂灭活苗，只能激发机体产生体液免疫而不能产生细胞免疫，并且疫苗免疫后不能立即产生免疫力，需要一定的诱导期。在此期间，由于还没有产生坚强的免疫力，如有病毒存在，就有可能引发疫病。

(2) 任何一种疫苗免疫后的效果都不是 100%，多呈正态分布，即大多数个体得到较好的保护，少部分不太理想。

(3) 与禽群接种时所处的机体状态有关，注射疫苗时禽群应处于健康状态，不能处于应激状态或免疫抑制状态，更不能处于发病期或感染的潜伏期。如接种时禽群已经感染流感病毒，接种疫苗不仅无效，而且会激发大量发病和死亡。

(4) 禽群如果存在免疫抑制病，免疫效果就不确实。

因此任何禽流感疫苗都不能百分之百地防止此病毒的感染，只能最大限度地降低病毒感染，降低发病率和死亡率；接种过疫苗后，应该不放松警惕性，应继续加强生物安全措施和饲养管理，防止病毒传入。

第七讲

7.1　高致病性禽流感必须通过病毒的分离和鉴定来确诊。而病毒的分离及亚型鉴定一般需要 2～5 天，这还不包括运送料料的时间。

7.2　高致病性禽流感属于一类传染病，为了防止疾病的蔓延扩散，其病原分离必须在农业部指定的具有生物安全设施的专业实验室中进行。

第九讲

9.1　流感病毒可以随感染发病禽的粪便和鼻腔分泌物排出而污染禽舍、笼具、垫料等。流感病毒对消毒剂及热比较敏感。对污染的禽舍进行消毒时，必须先用去污剂清洗以除去污物，再用次氯酸钠溶液消毒，最后用福尔马林和高锰酸钾熏蒸消毒。铁制笼具也可采用火焰消毒。由于粪便中含病毒量很高，因此在处理时要特别注意。粪便和垫料应通过掩埋方法来进行处理，对处理粪便和垫料所使用的工具要用火碱水或其他消毒剂浸泡消毒。

9.2 禽流感病毒在外界环境中存活能力较差，只要消毒措施得当，养禽生产实践中常用的消毒剂，如醛类、含氯消毒剂、酚类、氧化剂、碱类等均能杀死环境中的病毒。场舍环境采用下列消毒剂消毒效果比较好：

（1）醛类消毒剂有甲醛、聚甲醛等，其中以甲醛的熏蒸消毒最为常用。密闭的圈舍可按每立方米 7～21 克高锰酸钾加入 14～42 毫升福尔马林进行熏蒸消毒。熏蒸消毒时，室温一般不应低于 15℃，相对湿度应为 60%～80%，可先在容器中加入高锰酸钾后再加入福尔马林溶液，密闭门窗 7 小时以上便可达到消毒目的，然后敞开门窗通风换气、消除残余的气味。

（2）含氯消毒剂的消毒效果取决于有效氯的含量，含量越高，消毒能力越强，包括无机含氯和有机含氯消毒剂。可用 5% 漂白粉溶液喷洒于动物圈舍、笼架、饲槽及车辆等进行消毒。次氯酸杀毒迅速且无残留物和气味，因此常用于食品厂、肉联厂设备和工作台面等物品的消毒。

（3）碱类制剂主要有氢氧化钠等，消毒用的氢氧化钠制剂大部分是含有 94% 氢氧化钠的粗制碱液，使用时常加热配成 1%～2% 的水溶液，用于消毒被病毒污染的鸡舍地面、墙壁、运动场和污物等，也用于屠宰场、食品厂等地面以及运输车辆等物品的消毒。喷洒 6～12 小时后，用清水冲洗干净。

9.3 首先，不能刻板地将疫点周围半径 3 公里都化为疫区。如果疫点周围 3 公里内存在很好的自然屏障，如山川、河流、大面积的树林、无涵洞的高速公路等，可以适当缩小疫区的划分。除此之外，还应考虑当地的饲养环境。例如，如果疫点和 3 公里之外的一些地方新近人员或车辆往来密切，可适当扩大疫区的范围。

第二，疫区范围内的禽是最易受到感染的，为了保证高致病性禽流感疫情能够得到完全彻底扑灭，将疫点和疫区内免疫效果不确切的家禽全部扑杀是完全必要的，有利于及时控制病原的传播。这是控制烈性传染病的最有效的做法，也是国际通行做法。

第三，对于经过动物防疫监督机构调查和监测，确认防疫工作扎实且 H5 免疫抗体合格的规模化养殖场的家禽，可以不扑杀，但必须接受当地动物防疫监督机构的监管，做好隔离和消毒工作。

9.4 因为病死禽和被扑杀的家禽体内可能含有高致病性禽流感病毒，如果不及时对这些家禽进行无害化处理，让它们流入市场或扔到野外，可能会造成高致病性禽流感病毒的传播扩散，危害消费者的健康。因此，必须对病死禽和被扑杀的家禽进行深埋等无害化处理。

9.5　尽快对高致病性禽流感疫区进行隔离封锁，可以阻止高致病性流感病毒从疫区向非疫区传播，防止疫情的进一步扩大。

9.6　禽流感的最长潜伏期为 21 天，在潜伏期内的任何时间，都有可能出现新的禽流感病毒感染病例。只有在一个潜伏期以上的时间内没有新的感染个例，才能证明被封锁的区域已没有禽流感病毒存在，解除封锁后才能保证该区不会有新的高致病性流感疫情暴发，达到疫病扑灭的目的。因此，发生高致病性禽流感疫情的疫区的封锁在扑杀了最后一只家禽后经过至少一个潜伏期以上的时间才能解除。

9.7　扑灭一起疫情的标准是：对暴发疫情的地区的最后病例采取扑杀措施和彻底消毒后，至少 21 天无新的禽流感病例出现，表明该疫情已被扑灭。

9.8　对发生疫情的地区，国家对养殖户实行经济补偿政策。主要是对直接扑杀并经核实的禽类及销毁的禽产品，按照国家制定的相关政策进行补偿。

9.9　一旦发生疑似高致病性禽流感，根据我国的动物防疫有关法律法规，对疑似病禽实行隔离、封锁，并进一步确诊。当确认为高致病性禽流感后，要立即封锁疫区，对病禽进行扑杀，对环境进行彻底消毒，目的在于防止疫情进一步扩散。在政府采取措施的同时，农户应该积极地配合，虽然这会给农户造成一定的损失，但应以大局为重，防止疫情的蔓延和扩散。同时，各级人民政府一定要把补偿资金落实到每个农户手中。

9.10　不可以。国家已有明确规定，发现时应当立即向当地兽医主管部门、动物卫生监督机构或者动物疫病预防控制机构报告，并采取隔离等控制措施，防止动物疫情扩散。接到动物疫情报告的单位，应当及时赶赴现场进行调查，并采取必要的控制处理措施，如果核实为高致病性禽流感可疑疫情，应按照国家规定的程序及时上报。

第十讲

10.1　通常，"样本"是一个统计学概念，是从总体中抽取的一些个体。如从某个地区随机抽选 1 000 头奶牛，调查它们每年的产奶量，然后根据调查结果，推断该地区奶牛每年每头牛的平均产奶量，这个过程中，被抽取的

1 000头奶牛就是样本。

"样品"通常是对于实验检测而言的，是检测的原始材料，如采集的用于疾病检测的血液、粪便、毛发等。现实工作中，"样本"和"样品"经常被混用。

10.2　这是一个很重要的问题。一般而言，抽样可以分为两大类：按照主观意愿抽样和按照概率随机抽样。

按照主观意愿抽样是指调查者根据现实情况，采用比较简单方便的形式，抽取那些离得近的、容易找到的、或者容易发现问题的样本，作为监测或调查对象。

举例说来，为了监测某县的家禽禽流感感染情况，监测人员到离他们最近的2活禽交易市场、10个养殖场、9个散养户，进行调查采样检测，分析家禽禽流感感染情况。这就是一种按照主观意愿抽样的方式。

按照概率随机抽样，是按照数理统计原理，随机地从总体中抽选样本。这种抽样原则上抽取的样本数量越大，误差就越小，但是样本量越大，则成本就越高。

举例说来，为了监测某县的家禽禽流感感染情况，监测人员先找到该县所有的养禽场、活禽交易市场和有散养户的乡镇名单，然后按照这个名单，随机从中抽取10个养殖场、2个活禽交易市场和9个散养户（分布于随机抽取的3个乡镇），进行调查采样检测，分析家禽禽流感感染情况。这就是一种按照概率随机抽样的方式。

相对于按照主观意愿抽样而言，按照概率随机抽样，监测的结果比较可信和可靠，但是成本比较高，任务量比较大。

对于一项动物疫情监测活动，具体采用何种抽样方式，需要考虑上级的指示、监测的目的、人员与经费多少以及预期的监测结果等多个方面的因素。

第十一讲

11.2　检疫证明有重要的作用：一是可以证明饲养的、宰杀的、运输的或者销售的动物或动物产品是合法的，也是健康的，是这些动物和动物产品运输放行、进入市场销售的重要凭据；二是可以用于畜禽或畜禽产品的追溯，这对于疫情的追踪和溯源很重要，也是动物养殖户、运输人、经营者、购买人之间发生纠纷时，重要的法律凭据之一。

第十四讲

14.1　吃煮熟的鸡肉、鸡蛋、鸭血粉丝汤、鸭肠是不会感染高致病性禽流感的。因为即使这些鸡肉、鸡蛋、鸭血、鸭肠中含有高致病性禽流感病毒，该病毒也会在烹饪的过程中因为高温而被杀死。该病毒60℃ 2～10分钟就被杀死。

有些人吃生鸡蛋、带血水的鸭血粉丝汤，或涮火锅时没有将鸭肠等煮熟，或者用夹了生鸭肠的筷子不高温消毒就直接夹取其他食物来吃，都有可能会感染高致病性禽流感，虽然这种概率很小。

14.2　虽然普通市民因为去活禽市场而感染高致病性禽流感的风险很小，但是我国目前活禽交易市场普遍存在卫生条件较差的不足，所以国家将限制和逐步取消大中城市、人口密集区的活禽交易市场，鼓励广大消费者去超市购买宰杀好的禽和禽产品。

14.3　首先不要恐慌，因为毕竟家禽将这种疾病传染给人的几率很低。在我国近百起高致病性禽流感疫情发生地，卫生部门对数万名和禽密切接触的人员进行监测，只在黑山发现1例人感染高致病性禽流感的病例。

人接触禽鸟后，无论是否是病死禽，首先要洗手，擦净鞋底，换洗衣服，如果出现感冒样症状，应当马上去医院就诊，积极配合医生进行诊断与治疗。

农业部编制的高致病性禽流感宣传挂图

科学认知高致病性禽流感

● **高度重视禽流感**

全球范围暴发
禽流感疫情

世界各国和世界动物
卫生组织高度重视

我国增加经费加
大防控力度,强
化防控措施

坚决阻断禽流感
传染人

● **科学认识禽流感**

不轻信、不传播

禽流感主要在禽类
发生,在禽类之间传播

禽流感主要以接触病
死禽用排泄物传染

我国具备控制禽
流感的经验和能
力,不必恐慌

经高温消毒加工
处理的羽绒产品
不会传播禽流感

● **积极预防禽流感**

做好个人防护

家养鸟要免疫,不放养

不与野生鸟类
直接接触

不近距离与
观赏鸟类接触

与禽类接触后
要洗手,消毒

正确消费禽产品

不能吃病死禽类

不生吃禽产品

购买经过检疫
合格的禽产品

生熟食品
严格分开

放心食用健康
禽产品

农业部突发重大动物疫性应急指挥中心编制　　中国农业出版社出版

致谢

● 本教材的编写得到了世界银行禽/人禽流感信托基金赠款（澳大利亚、欧盟等方面捐赠）资助。

● 本教材的编写得到了农业部兽医局、农业部对外经济合作中心、中国动物卫生与流行病学中心、中国农业科学技术出版社、辽宁省和安徽省兽医主管部门和技术支撑单位的大力支持。

● 中国医科大学周宝森教授、中国农业科学院孟宪松研究员和刘以连研究员、中国农业大学刘维全教授、中国动物疫病预防控制中心王传彬博士、新西兰 Massey 大学 Roger Morris 教授对此书的出版，给予很多帮助。

● 我们向上述单位有关领导、专家和朋友们表示衷心的感谢！